高职高专计算机类专业系列教材

HTML5 + CSS3 + JavaScript
网页设计与制作项目教程

主　编　钱　钰　郭　丽　张亚利

副主编　刘　霜　秦航琪　陈　新　蔡　鹏
　　　　张小潭　秦　峰　李　丽

西安电子科技大学出版社

内 容 简 介

本书根据计算机相关专业对网页技术的知识能力要求而编写。全书以 VS Code 为代码编辑器,由浅入深地对网页设计制作中的 HTML、CSS 及 JavaScript 三大技术进行了系统的讲解。全书以实际网页设计开发项目为例,介绍了网页设计制作的基本方法及原理,并在完成"项目实施"后,通过"总结提升"和"拓展训练"来引导学生深入学习网页技术,以满足不同专业、不同层次学生对网页技术的需求。

本书内容丰富,图文并茂,项目实用,可作为高职高专院校计算机类专业的教材,也可作为网页设计人员的参考书。

图书在版编目(CIP)数据

HTML5 + CSS3 + JavaScript 网页设计与制作项目教程 / 钱钰,郭丽,张亚利主编. —西安:西安电子科技大学出版社,2023.4
ISBN 978–7–5606–6743–0

Ⅰ. ①H…　Ⅱ. ①钱…　②郭…　③张…　Ⅲ. ①超文本标记语言—程序设计—教材②网页制作工具—教材③JAVA 语言—程序设计—教材　Ⅳ.①TP312.8②TP393.092

中国国家版本馆 CIP 数据核字(2023)第 044340 号

策　　划　黄薇谚　刘　杰
责任编辑　阎　彬
出版发行　西安电子科技大学出版社(西安市太白南路 2 号)
电　　话　(029) 88202421　88201467　　　　邮　　编　710071
网　　址　www.xduph.com　　　　　　　电子邮箱　xdupfxb001@163.com
经　　销　新华书店
印刷单位　陕西日报社
版　　次　2023 年 4 月第 1 版　　2023 年 4 月第 1 次印刷
开　　本　787 毫米×1092 毫米　1/16　印张 22
字　　数　523 千字
印　　数　1～2000 册
定　　价　55.00 元
ISBN　　978–7–5606–6743–0 / TP
XDUP 7045001–1
如有印装问题可调换

前　言

网页技术是计算机类专业学生学习及从业的必修基础，也是进行 Web 开发、数据采集等工作的必备技能。HTML + CSS + JavaScript 实现了网页开发中内容、样式和行为的分离。本书选用 VS Code 作为编辑工具，并以 HTML5 和 CSS3 作为技术标准，介绍网页设计制作中的三大技术的相关知识。学习本书所需软件包括 Chrome 浏览器及 VS Code 代码编辑器。

本书编者基于丰富的网页开发工作经验及教学经验，根据网页技术在不同工作场景中的应用，对全书的知识体系进行了设计，并根据知识的难易程度及应用方向，精心设计了学习目标、项目导入、知识链接、项目实施、总结提升及拓展训练等环节，使学生通过网页的设计制作，深入理解网页开发的理论知识，掌握网页设计制作的基本方法，并在项目实施中形成良好的代码书写规范。通过系统的学习，学生能够将网页技术应用到相关工作场景中。(本书中的素材图片来自于编者拍摄及免费版权网站。)

全书包含 8 个项目，具体内容如下：

项目 1 为认识 HTML5——布局网页。本项目由"旅行家——合作伙伴"页面效果展示引入课程内容，介绍 HTML5 的基本知识和基本语法(包括 HTML5 概述、HTML5 文档及其基本语法、HTML 文本控制标记、HTML 列表标记、HTML 超链接标记和图像标记)，在"总结提升"中介绍 HTML5 新增标签，并以制作"GL 美拍"网站——"底部模块-联系方式"HTML 效果作为拓展训练进行学习延伸及强化。

项目 2 为认识 CSS3——美化网页。本项目由"旅行家——联系方式" 页面效果展示引入课程内容，介绍 CSS3 的基本知识和基本语法(包括 CSS 简介、CSS 核心基础、文本样式属性和 CSS 高级特性)，在"总结提升"中介绍 CSS3 选择器，并以制作"GL 美拍"网站——"底部模块-联系方式"CSS 效果作为拓展训练进行学习延伸及强化。

项目 3 为图像与多媒体的应用——制作精彩的网页。本项目由"旅行家——欢迎"页面效果展示引入课程内容，介绍网页中多媒体的使用(包括网页中常见的多媒体格式(音频、视频)、音频标签及其属性、视频标签及其属性)，在"总结提升"中介绍 HTML5 容器标签，并以制作"GL 美拍"网站——"视频简介模块"效果作为拓展训练进行学习延伸及强化。

项目 4 为网页布局与元素的精确定位——CSS + DIV 的应用。本项目由"旅行家——住宿"页面效果展示引入课程内容，介绍盒子模型及其基本属性、DIV 高级属性、元素的浮动和元素的定位，在"总结提升"中介绍常见页面布局方式，并以制作"GL 美拍"网站——"用户评价模块"效果作为拓展训练进行学习延伸及强化。

项目 5 为布局交互功能——表单的应用。本项目由"旅行家——登录注册"页面效果展示引入课程内容，介绍表单标签<form>、输入标签<input>、文本域标签<textarea>、标注（标记）标签<label>、下拉菜单标签<select>和选项列表标签<datalist>，在"总结提升"中介绍表格，并以制作"GL 美拍"网站——"底部模块"效果作为拓展训练进行学习延伸及强化。

项目 6 为让页面更酷炫——CSS3 的高级应用。本项目由"旅行家——攻略"页面效果展示引入课程内容，介绍过渡 transition 和变形 transform，在"总结提升"中介绍动画 animation，并以制作"GL 美拍"网站——"地区模块"静态效果作为拓展训练进行学习延伸及强化。

项目 7 为网页交互功能——JavaScript 的应用。本项目由"旅行家——图片轮播"页面效果展示引入课程内容，介绍 JavaScript 的基本知识和基本语法(包括 JavaScript 简介、JavaScript 的基本语法、DOM 对象、BOM 对象和事件)，在"总结提升"中介绍 JSON，并以制作"GL 美拍"网站——"地区模块"动态效果作为拓展训练进行学习延伸及强化。

项目 8 为网站设计与开发——综合实战。本项目运用所学知识，把前面几项的内容进行整合，并加入新的内容模块，形成完整的页面效果。

本书作者钱钰、陈新编写项目 4 及项目 7，郭丽、蔡鹏编写项目 8 及全书的拓展训练部分，张亚利、张小潭编写项目 2 及项目 5，刘霜、秦峰编写项目 3 及项目 6，秦航琪、李丽编写项目 1。

由于编者水平有限，书中难免有不足之处，恳请专家和广大读者批评指正。编者联系方式(E-mail)：397019111@qq.com。

编　者

2022 年 12 月

目　录

2

项目 1

认识 HTML5——布局网页

❖ 学习目标 ❖

❖ 知识目标
- 了解 HTML 及其发展历程，了解常用的浏览器及其特点。
- 了解常用的 HTML 编译器。
- 掌握 HTML 文档的基本结构。

❖ 能力目标
- 掌握 VS Code 的下载与安装方法。
- 掌握文本控制标记的使用方法。
- 掌握超链接标记的使用方法。
- 掌握列表标记的使用方法。

❖ 项目导入 ❖

"旅行家——合作伙伴"页面效果展示

HTML5 可实现页面内容的布局。常见的 HTML 标记包括文本控制标记、超链接标记及列表标记。本项目将使用这些标记来制作"旅行家——合作伙伴"页面。完成效果如图 1.1 所示。

图 1.1　"旅行家——合作伙伴"页面

根据 W3C(World Wide Web Consortium，万维网联盟)标准，一个网页主要由结构、表现和行为三部分组成。其中，网页的结构可用 HTML 来描述。基本的 HTML 标记包括文本控制标记、超链接标记及列表标记。本项目将使用这些基本标记来布局网页。

一、HTML5 概述

1. 什么是 HTML

HTML(Hyper Text Markup Language，超文本标记语言)是一种标记语言。它包括一系列标签，通过这些标签可以将网络上的文档格式统一，使分散的 Internet 资源连接为一个逻辑整体。需要强调的是，HTML 不是一种编程语言，而是一种标记语言。所谓标记语言，是指一套标记标签(Markup Tag)。即 HTML 使用标记标签来描述网页。HTML 标签包括文字、图形、动画、声音、表格、链接等。

2. HTML 的特点及发展历程

HTML 具有简易、可扩展、平台无关性及通用性等特点。HTML 于 1989 年由 CERN(欧洲核子研究组织)的 Tim Berners-Lee 发明，并经历了几个版本的更新，主要由 W3C 对其规则进行管理。

HTML 的历史版本具体如下：

HTML 1.0：1993 年 6 月作为互联网工程工作小组(IETF)工作草案发布。

HTML 2.0：1995 年 11 月作为 RFC 1866 发布，在 2000 年 6 月 RFC 2854 发布之后被宣布已经过时。

HTML 3.2：1996 年 1 月 14 日，W3C 推荐标准。

HTML 4.0：1997 年 12 月 18 日，W3C 推荐标准。

HTML 4.01(微小改进)：1999 年 12 月 24 日，W3C 推荐标准。

HTML 5：公认的下一代 Web 语言，极大地提升了 Web 在富媒体、富内容和富应用等方面的能力，被称为终将改变移动互联网的重要推手。

3. HTML 与浏览器

目前常用的浏览器包括谷歌(Chorme)浏览器、火狐(Firefox)浏览器、Safari 浏览器、Opera 浏览器、IE(Internet Explorer)浏览器及 Microsoft Edge 浏览器等，如图 1.2 所示。随着 HTML 的更新迭代，各浏览器对 HTML 有相应的支持，同时具有各自的特点及优势。

Chrome浏览器　　Firefox浏览器　　Safari浏览器　　Opera浏览器　　IE浏览器　　Microsoft Edge浏览器

图 1.2　常用的浏览器

1) IE 浏览器及 Microsoft Edge 浏览器

IE 及 Microsoft Edge 都是由 Microsoft 公司开发的网页浏览器，内置于 Windows 操作系统。2015 年 3 月 Microsoft 公司确认放弃 IE 品牌，用 Microsoft Edge 取代 IE 以支持现代浏览器功能。

2) Safari 浏览器

Safari 浏览器是 Apple 公司为 Mac 系统量身打造的一款浏览器，主要应用在 Mac 和 iOS 系统中。

3) Chrome 浏览器

Chrome 浏览器是由 Google 公司在开源项目的基础上独立开发的一款浏览器，其在浏览器市场的占有率居第一。它提供了很多方便开发者使用的插件，并采用多进程架构，高效易用。Chrome 浏览器还支持多平台(包括 Windows、Linux、Mac 等系统)以及移动端的应用。

4) Firefox 浏览器

Firefox 浏览器是开源组织提供的一款开源的浏览器，它开源了浏览器的源码。Firefox 浏览器插件功能强大，安全性能高，支持 Windows、Linux 和 Mac 系统。

5) Opera 浏览器

Opera 浏览器是由挪威 Opera Software ASA 公司制作的支持多页面标签式浏览的网络浏览器，它可以在 Windows、Mac 和 Linux 三个操作系统上运行。Opera 浏览器因具有快速、小巧和比其他浏览器更佳的兼容性而受到用户及业界的推崇。

浏览器功能的实现，基于其采用的内核，其核心为"渲染引擎"(Rendering Engine)。常用浏览器内核及其代表产品如表 1.1 所示。其中，Blink 内核是由 Google 公司及 Opera Software ASA 公司共同研发的，它替代了 Webkit 及 Presto 内核。

表 1.1　常用浏览器内核及其代表产品

浏览器内核	代表产品
Trident	IE
Gecko	Firefox
Webkit	Safari、Chrome
Presto	Opera
Blink	Google、Opera

4. VS Code 的下载与安装

VS Code(Visual Studio Code)是 Microsoft 公司发布的一个运行于 Windows、Mac 和 Linux 之上的，针对编写现代 Web 和云应用的跨平台源代码编辑器，支持前端开发应用的 HTML、CSS、JavaScript 等语言，并支持丰富的其他语言和运行时扩展的生态系统。VS Code 软件功能非常强大，界面简洁明晰，操作方便快捷，设计得十分人性化。本书将使用 VS Code 作为代码编辑器。

1) 下载 VS Code

访问 VS Code 官方网站 https://code.visualstudio.com/(如图 1.3 所示)，单击页面右上角的"Download"按钮进入下载页面(如图 1.4 所示)，并根据操作系统选择下载 VS Code 软件。

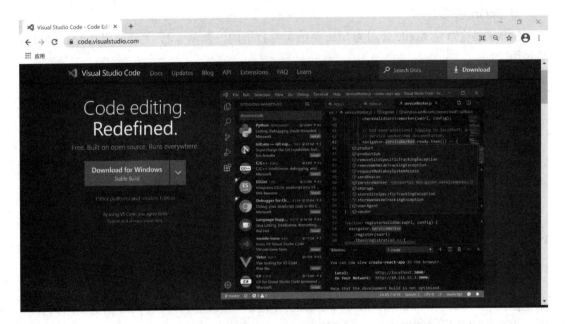

图 1.3　VS Code 官方网站

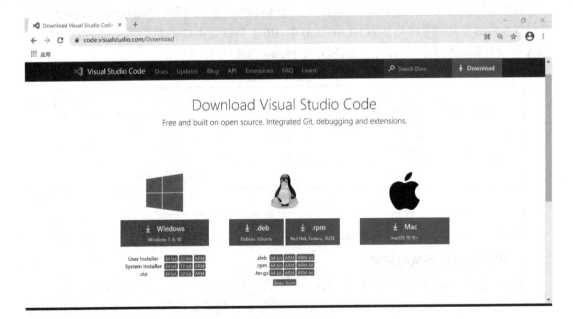

图 1.4　VS Code 下载页面

2) 安装 VS Code 及常用插件

步骤 1：双击运行安装程序，选择"我同意此协议(A)"，如图 1.5 所示。

图 1.5　"许可协议"界面

步骤 2：选择目标位置，如图 1.6 所示。

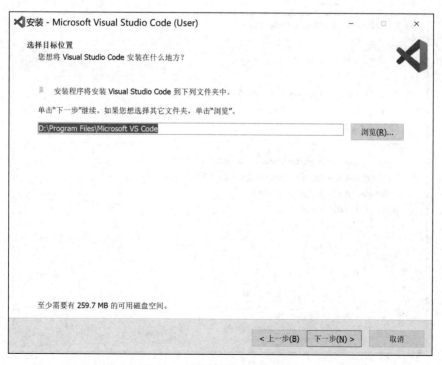

图 1.6　"选择目标位置"界面

步骤 3：选择开始菜单文件夹，如图 1.7 所示。

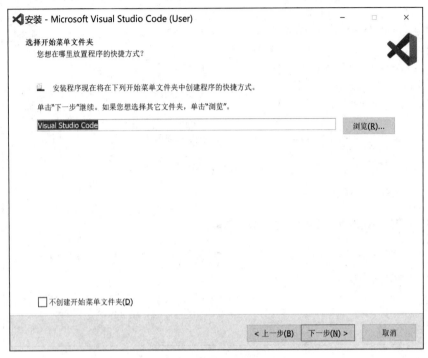

图 1.7　"选择开始菜单文件夹"界面

步骤 4：选择附加任务，如图 1.8 所示。

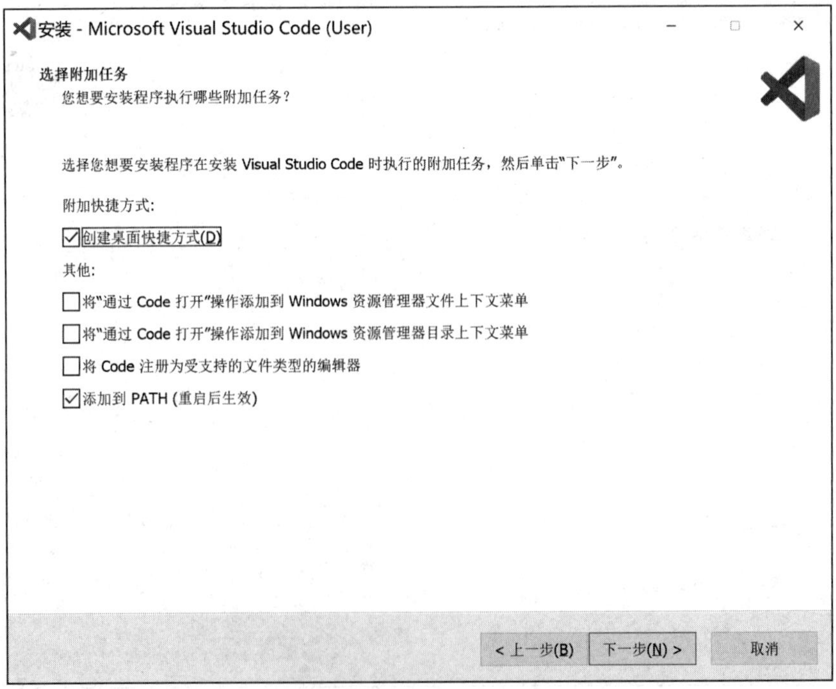

图 1.8　"选择附加任务"界面

步骤 5：查看安装设置，准备安装，如图 1.9 所示。

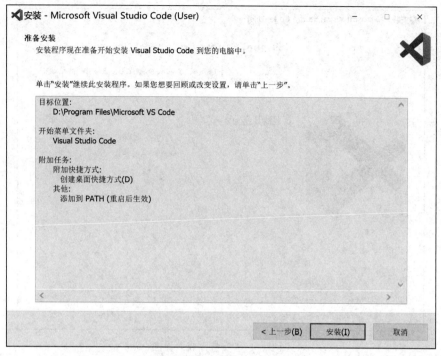

图 1.9   "准备安装"界面

步骤 6：单击"安装"按钮，开始安装程序，如图 1.10 所示。

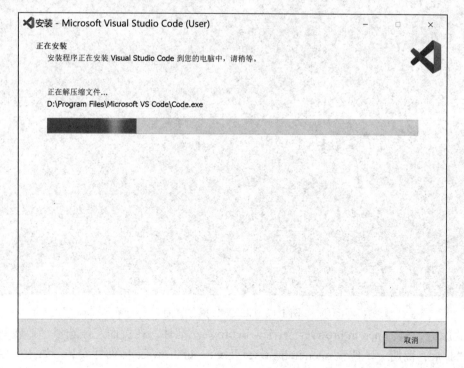

图 1.10   "正在安装"界面

步骤 7：程序安装完成，如图 1.11 所示。

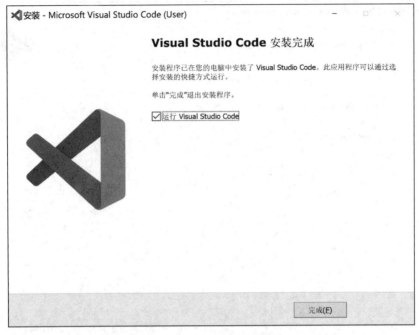

图 1.11 "安装完成"界面

步骤 8：运行程序进入操作界面，如图 1.12 所示。

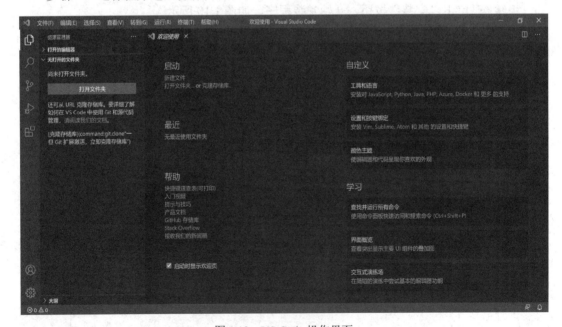

图 1.12 VS Code 操作界面

步骤 9：安装 open in browser 及 view in browser 插件。在页面左侧选择"扩展" ，
打开"扩展：商店"，搜索 open in browser 及 view in browser 插件并安装，如图 1.13 和图
1.14 所示。重启 VS Code，即可使用 HTML 页面预览功能。

图 1.13 安装 open in browser 插件

图 1.14 安装 view in browser 插件

二、HTML5 文档及其基本语法

1. HTML5 文档的创建

1）使用记事本创建 HTML 文档

步骤 1：创建一个记事本文件，如图 1.15 所示。

图 1.15 新建文本文档

步骤 2：打开新建文本文档，选择"文件"→"另存为"，重命名 txt 文件，将其后缀改为"html"，注意将文件保存类型设置为"所有文件"，然后单击"保存"按钮，即可将文件保存为 HTML 文档，如图 1.16 所示。保存好的 HTML 文档图标为浏览器样式，如图 1.17 所示。

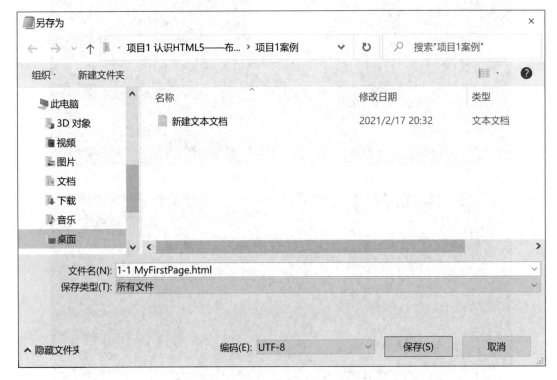

图 1.16　将文本文档另存为 HTML 文档

图 1.17　HTML 文档图标

步骤 3：选中 HTML 文档，单击鼠标右键，在快捷菜单中选择"记事本"打开方式，即可打开 HTML 文档并对其进行编辑。

步骤 4：使用浏览器打开 HTML 文档，可查看页面效果。

2) 使用 VS Code 创建 HTML 文档

步骤 1：打开 VS Code，选择"文件"→"新建文件"。

步骤 2：在界面右下角，选择语言模式为"HTML"，如图 1.18 所示。

图 1.18 选择语言模式

步骤 3：按 Ctrl + S 键打开"另存为"对话框，选择文档保存位置并命名文档，然后单击"保存"按钮保存文档，如图 1.19 所示。

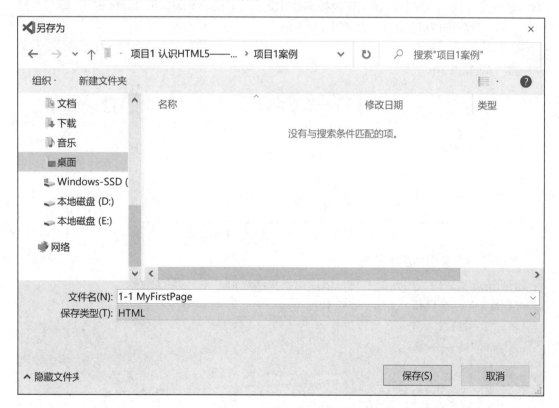

图 1.19 保存 HTML 文档

步骤 4：切换输入法为英文，在代码编辑区域输入"!"，再按 Tab 键，将自动生成 HTML 文档结构，如图 1.20 所示。

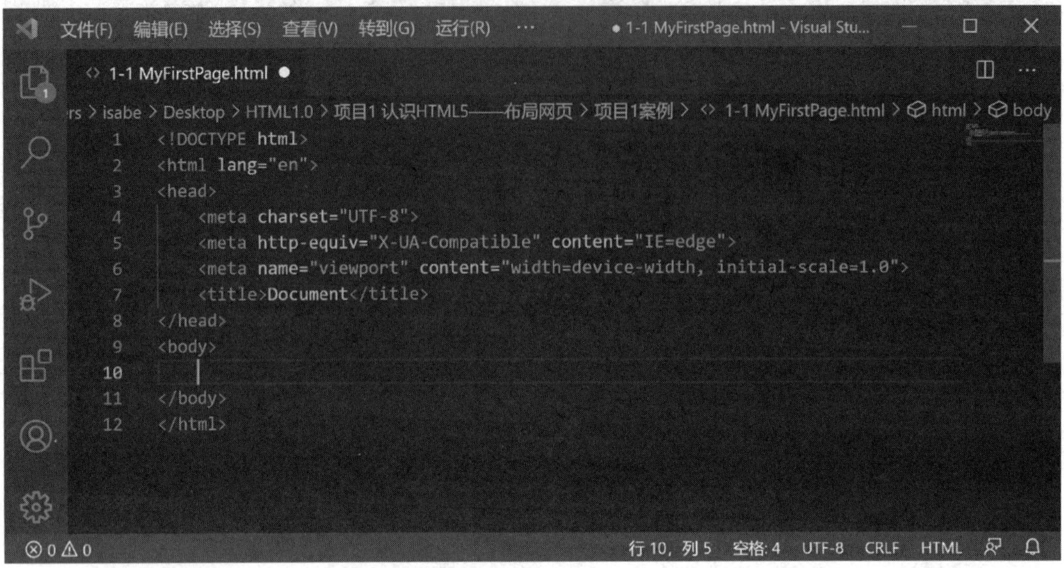

图 1.20　自动生成 HTML 文档结构

步骤 5：在 body 标签中输入"Hello world!"，并按 Ctrl + S 键保存文档，然后在代码编辑区域空白处单击鼠标右键，在快捷菜单中选择"Open in Default Browser"，即可在默认浏览器中预览 HTML 页面，如图 1.21 所示。

图 1.21　使用默认浏览器预览 HTML 页面

2. HTML5 文档的基本结构

HTML5 文档由文档类型声明、根标记、头部标记、主体标记组成。

【例 1-1】　HTML5 文档基本结构如下：

```html
<!DOCTYPE html>
<html lang="en">
<head>
    <meta charset="UTF-8">
    <title>MyFirstPage</title>
```

```
    </head>
    <body>


    </body>
    </html>
```

1) <!DOCTYPE html>文档类型声明

<!DOCTYPE html>用来说明该文档是 HTML 文档。所有的 HTML 文档开始于文档类型声明之后。文档类型声明说明了文档的类型及所遵守的标准规范集。例 1-1 中的 <!DOCTYPE html>是 HTML5 的文档类型声明，形式简洁。

2) <html>根标记

根标记是双标记，<html>标志着 HTML 文档的开始，位于文档类型声明之后；</html> 标志着 HTML 文档的结束，位于 HTML 文档的最外层。根标记中嵌套着头部标记和主体标记。例 1-1 中的 lang 属性用于指定页面内容的默认语言，例如 en 表示英语。

3) <head>头部标记

头部标记位于根标记之后，是双标记，用来定义 HTML 文档的头部信息。头部标记中通常嵌套着<meta>、<title>、<style>、<script>、<link>等标记。

(1) <meta>：元标记，以属性的形式来定义文档信息的名称、内容等，包括文档的关键字及描述信息等。其语法格式如下：

```
    <meta http-equiv="属性名" content="属性值">
    <meta name="属性名" content="属性值">
```

例如：

```
    <!-- 设置关键字及描述信息，以便搜索引擎更准确地发现用户的站点 -->
    <meta name="keywords" content="HTML5 论坛">
    <meta name="description" content="前端技术交流">
```

(2) <title>：标题标记，用于描述页面的名称。

(3) <style>及<script>标记：用来说明文档包含的样式及脚本。

(4) <link>：表示对外部资源(如 CSS 样式表)的引用。

4) <body>主体标记

主体标记位于根标记中、头部标记后，与头部标记是并列关系。其中嵌套着页面中显示的内容，包括文字、图片、音频、视频等元素。一个 HTML 文档中只能有一个主体标记。

注意：HTML 文档中的标记存在两种关系，分别是嵌套关系和并列关系。例 1-1 中，<head>标记与<title>标记为嵌套关系，<head>标记与<body>标记为并列关系。

3. HTML 标记

1) 双标记

在 HTML 文档中，大多数标记都是双标记。其语法格式如下：

```
    <标记名>内容</标记名>
```

其中：<标记名>表示标记的开始，称为开始标记；</标记名>表示标记的结束，称为结束标记；它们之间是内容。

例如：

```
<h1>HTML 基础语法</h1>
```

这里标题标签中添加了标题内容"HTML 基础语法"。

2）单标记

单标记又称空元素，用单标签来表示，里面不需要包含内容，只有一个开始标签。其语法格式如下：

```
<标记名/>
```

例如：换行标记为

```
<br/>
```

注意：在 HTML 文档中，标记名不区分大小写。

3）注释标记

注释标记是 HTML 中的一种特殊标记，用来作为代码的注解，并不显示在页面当中。其语法格式如下：

```
<!-- 注释内容 -->
```

例如：

```
<meta charset="UTF-8">          <!-- 此页面使用 UTF-8 编码格式 -->
```

4）标记的属性

在 HTML 中可以为标记添加属性。标记的属性以键值对的形式表示。单标记和双标记都可以添加标记的属性。其语法格式如下：

```
<标记名 属性 1="属性值 1" 属性 2="属性值 2"……>内容</标记名>
<标记名 属性 1="属性值 1" 属性 2="属性值 2"…… />
```

例如：

```
<!-- 将标题设置为红色居中 -->
<h1 color="red" align="center">项目 1 认识 HTML5</h1>


<!-- 将水平线的宽度设置为 1000 像素 -->
<hr width="1000">
```

注意：

(1) 属性值可以放在单引号、双引号中。

(2) HTML 文档中允许属性值不使用引号。

(3) 部分属性值可省略。

三、HTML 文本控制标记

文字是网页中最基本的组成元素，HTML 提供了文本控制标记，用于在网页中添加文字。文本控制标记包括标题标记、段落标记、水平线标记、换行标记、文本格式化标记及特殊字符标记等。

1. 标题标记

　　HTML 提供了六个等级的标题标记，分别是<h1>、<h2>、<h3>、<h4>、<h5>及<h6>。从<h1>到<h6>标题字体大小依次递减。标题标记的语法格式如下：

```
<hn>标题内容</hn>
```

【例 1-2】　设置标题标记，代码如下：

```
<!DOCTYPE html>
<html lang="en">
<head>
    <meta charset="UTF-8">
    <title>标题标记</title>
</head>
<body>
    <h1>一级标题</h1>
    <h2>二级标题</h2>
    <h3>三级标题</h3>
    <h4>四级标题</h4>
    <h5>五级标题</h5>
    <h6>六级标题</h6>
</body>
</html>
```

标题标记效果如图 1.22 所示。

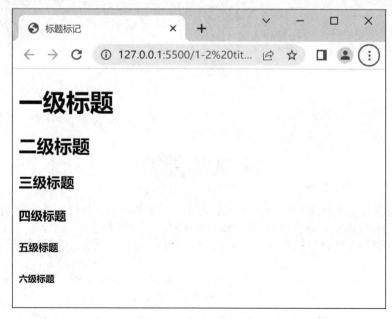

图 1.22　标题标记效果

标题标记可以通过添加 align 属性来设置其对齐方式，属性值可取 left(居左)、right(居右)、center(居中)。

2. 段落标记

段落标记的语法格式如下：

```
<p>段落内容</p>
```

【例 1-3】 设置段落标记，代码如下：

```
<!DOCTYPE html>
<html lang="en">
<head>
    <meta charset="UTF-8">
    <title> HTML 简介</title>
</head>


<body>
    <h1 align="center">HTML 简介</h1>
    <p align="justify">
        HTML 的全称为超文本标记语言，是一种标记语言。
        它包括一系列标签，通过这些标签可以将网络上的文档格式统一，
        使分散的 Internet 资源连接为一个逻辑整体。
        HTML 文本是由 HTML 命令组成的描述性文本，
        HTML 命令可以是文字、图形、动画、声音、表格、链接等。
    </p>
</body>
</html>
```

段落标记效果如图 1.23 所示。

图 1.23　段落标记效果

段落标记也可以通过添加 align 属性来设置文字的对齐方式，属性值除了 left、right、

center，还有 justify(两端对齐)。

3. 水平线标记

HTML 中可以使用<hr/>标记添加水平线。水平线标记是单标记，其语法格式如下：

```
<hr />
```

水平线标记也可以通过添加属性来设置其样式。水平线标记的常用属性如表 1.2 所示。

表 1.2   水平线标记的常用属性

属性名	属性说明	属 性 值
align	设置对齐方式	left、right、center
size	设置水平线粗细	以像素为单位，默认属性值为 2px
color	设置水平线颜色	颜色名称、RGB 值、十六进制 RGB 值
width	设置水平线宽度	像素值、百分比(占浏览器窗口宽度的百分比)

4. 换行标记

在 HTML 文档中，按回车键无法使文字换行，需要插入换行标记
开始新的一行。
标记是单标记。

【例 1-4】   设置换行标记，代码如下：

```
<!DOCTYPE html>
<html lang="en">


<head>
    <meta charset="UTF-8">
    <title>古诗词</title>
</head>


<body>
    <h3 align="center">赠汪伦</h3>
    <h5 align="center">作者：李白</h5>
    <hr align="center" width = "200"/>
    <p align="center">
        李白乘舟将欲行，<br />
        忽闻岸上踏歌声。<br />
        桃花潭水深千尺，<br />
        不及汪伦送我情。
    </p>
</body>


</html>
```

换行标记效果如图 1.24 所示。

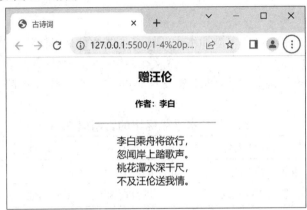

图 1.24　换行标记效果

5. 文本格式化标记

HTML 文档提供了一些文本格式化标记，使文字以加粗、倾斜、添加删除线和下划线的样式显示。常见的文本格式化标记如表 1.3 所示。

表 1.3　文本格式化标记

标　记	显　示　样　式
\\和\\	文字加粗
\<i>\</i>和\\	文字倾斜
\<s>\</s>和\<del>\</del>	文字添加删除线
\<u>\</u>和\<ins>\</ins>	文字添加下划线

【例 1-5】 使用文本格式化标记，代码如下：

```
<!DOCTYPE html>
<html lang="en">
<head>
    <meta charset="UTF-8">
    <title>文本格式化标记</title>
</head>
<body>
    <p>正常段落文字</p>
    <strong>文字加粗效果</strong>
    <em>文字倾斜效果</em>
    <del>文字删除线效果</del>
    <ins>文字下划线效果</ins>
</body>
</html>
```

文本格式化标记效果如图 1.25 所示。

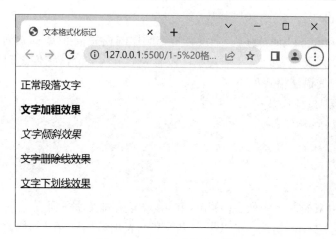

图 1.25　文本格式化标记效果

6. 特殊字符标记

在网页中经常会用到一些特殊字符，在 HTML 中输入这些特殊字符需要使用转义字符。HTML 中常用的转义字符如表 1.4 所示。

表 1.4　HTML 中常用的转义字符

特殊字符	说　明	转义字符
	不断行的空格	
<	小于	&lt;
>	大于	&gt;
&	&符号	&amp;
"	双引号	&quot;
©	版权	&copy;
®	已注册商标	&reg;
™	商标(美国)	&trade;
°	摄氏度	&deg;
±	正负号	&plusmn;
×	乘号	&times;
÷	除号	&divide;

注意：在 HTML 中，按空格键输入空格或按回车键输入换行时，不论输入多少个空格，都显示为一个空格，因此在 HTML 中输入空格时需要使用转义字符" "。

四、HTML 列表标记

在网页中经常使用列表来展示内容，在 HTML 中列表有三种形式：无序列表、有序列表和自定义列表。在页面布局中也会经常使用到列表。

1. 无序列表 ul

无序列表(Unordered List)是指一个没有特定顺序的相关条目(或称为列表项)的集合。在无序列表中，各个列表项之间属并列关系，没有先后顺序之分，它们之间以一个项目符号来标记。无序列表的语法格式如下：

```
<ul type="项目编号样式">
    <li> 项目名称 </li>
    ⋮
    <li> 项目名称 </li>
</ul>
```

其中：<ul></ul>用来插入无序列表；<li></li>用来定义列表项序列。

无序列表标记的 type 属性，可以指定出现在列表项前项目符号的样式。可以使用的项目符号样式包括 disc(实心圆)、circle(空心圆)、square(实心方块)。

【例 1-6】 使用无序列表，代码如下：

```
<!DOCTYPE html>
<html lang="en">
<head>
    <meta charset="UTF-8">
    <title>无序列表</title>
</head>
<body>
    <h3>三大网页技术</h3>
    <ul>
        <li>HTML</li>
        <li>CSS</li>
        <li>JavaScript</li>
    </ul>
</body>
</html>
```

无序列表效果如图 1.26 所示。

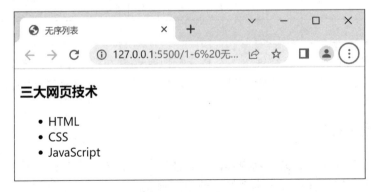

图 1.26　无序列表效果

2. 有序列表 ol

有序列表(Ordered List)是指一个有特定顺序的相关条目(或称为列表项)的集合。在有序列表中，各个列表项有先后顺序之分，它们之间以编号来标记。有序列表的语法格式如下：

```
<ol type="项目编号样式" start="编号起始值">
    <li> 项目名称 </li>
    ⋮
    <li> 项目名称 </li>
</ol>
```

其中：<ol></ol>用来插入有序列表；<li></li>用来定义列表项序列。

有序列表标记的 type 属性，可以指定出现在列表项前的项目编号的样式。可以使用的项目符号样式包括 1 (指定项目编号为阿拉伯数字)、a (指定项目编号为小写英文字母)、A (指定项目编号为大写英文字母)、i (指定项目编号为小写罗马数字)、Ⅰ (指定项目编号为大写罗马数字)。

有序列表默认会从 1、a、A、ⅰ、Ⅰ 开始自动编号，也可使用 start 属性改变标号的起始值。start 属性值是一个整数，表示从哪一个数字或字母开始编号。在有序列表中，还可以使用 reversed 属性使编号倒叙排列。

【例 1-7】 使用有序列表，代码如下：

```
<!DOCTYPE html>
<html lang="en">
<head>
    <meta charset="UTF-8">
    <title>有序列表</title>
</head>
<body>
    <h3>蔬菜</h3>
    <ol reversed>
        <li>萝卜</li>
        <li>白菜</li>
        <li>番茄</li>
    </ol>

    <h3>水果</h3>
    <ol type="a" start="5">
        <li>苹果</li>
        <li>香蕉</li>
        <li>草莓</li>
    </ol>
</body>
</html>
```

有序列表效果如图 1.27 所示。

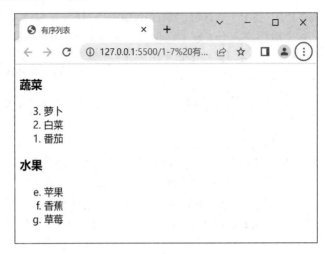

图 1.27　有序列表效果

3. 列表的嵌套

列表还可以嵌套使用，以展示多层次内容。列表嵌套可以是无序列表的嵌套，也可以是有序列表的嵌套，还可以是有序列表和无序列表的混合嵌套。

【例 1-8】　使用列表嵌套，代码如下：

```
<!DOCTYPE html>
<html lang="en">
<head>
    <meta charset="UTF-8">
    <title>列表嵌套</title>
</head>
<body>
    <h3>音乐分类</h3>
    <ol>
        <li>流行
            <ol start="101">
                <li>国语流行</li>
                <li>粤语流行</li>
                <li>日韩流行</li>
                <li>欧美流行</li>
            </ol>
        </li>
        <li>电子
            <ol start="201">
                <li>电子舞曲</li>
```

```
                <li>迪斯科</li>
                <li>浩室舞曲</li>
                <li>锐舞音乐</li>
            </ol>
        </li>
    </ol>
</body>
</html>
```

列表嵌套效果如图 1.28 所示。

图 1.28 列表嵌套效果

4. 自定义列表 dl

自定义列表(Definition List)的每一项前既没有项目符号，也没有编号，它是通过缩进的形式清晰展示内容的层次结构的。自定义列表的语法格式如下：

```
<dl>
    <dt>列表标题 1</dt>
    <dd>列表内容</dd>
    <dd>列表内容</dd>
        ⋮
    <dt>列表标题 2</dt>
    <dd>列表内容</dd>
    <dd>列表内容</dd>
        ⋮
</dl>
```

其中：<dl></dl>用来创建定义列表；<dt></dt>用来定义列表标题，内容将左对齐；<dd></dd>用来定义列表中的内容，其标记的内容将相对于<dt></dt>定义的内容向右缩进。

【例 1-9】 使用自定义列表，代码如下：

```
<!DOCTYPE html>
<html lang="en">
```

```html
<head>
    <meta charset="UTF-8">
    <title>自定义列表</title>
</head>
<body>
    <h1>中国小说 top3</h1>
    <dl>
        <dt>红楼梦</dt>
        <dd>《红楼梦》是一部百科全书式的长篇小说。以宝黛爱情悲剧为主线，以四大家族
的荣辱兴衰为背景，描绘出 18 世纪中国封建社会的方方面面，以及封建专制下新兴资本主义民主思想的萌
动。结构宏大，情节委婉，细节精致，人物形象栩栩如生，声口毕现，堪称中国古代小说中的经典。</dd>
        <dt>三国演义</dt>
        <dd>滚滚长江东逝水，浪花淘尽英雄。吕布赵云关羽，官渡赤壁街亭，斩华雄空城计
长坂坡七擒七纵，一看三叹，三国风云起，几度夕阳红。该小说展现了历史上一个豪强们为攫取最高统治
权而进行的政治斗争和频繁混战的动乱时代，展示了魏、蜀、吴纵横捭阖、逐鹿争雄的历史画卷！</dd>
        <dt>西游记</dt>
        <dd>《西游记》的艺术虚构是建立在传统艺术经验和社会的宗教性观念与风习的基础
之上的，但它又以作者融会了传统艺术经验所形成的艺术的独创性批判了社会的宗教性观念，或更正确地
说，和社会的宗教性观念开了玩笑，进行了嘲弄。这正是这部演述超人间故事的神魔小说最突出、最优异
的品质，也是它的艺术价值和魅力的最根本的所在。</dd>
    </dl>
</body>
</html>
```

自定义列表效果如图 1.29 所示。

图 1.29　自定义列表效果

五、HTML 超链接标记

1. 超链接标记及其属性

在制作网站时会使用超链接实现页面之间的跳转，在 HTML 中使用<a></a>标记添加超链接。其语法格式如下：

```
<a href="链接目标" target="打开链接窗口的形式">链接文本</a>
```

其中：href 用于指定链接目标的 URL 地址；target 用于指定链接页面的打开方式，其属性值有四种，即_blank(在新窗口中打开)、_self(在自身窗口中打开，默认值)、_parent(在上一级窗口中打开)、_top(在本窗口中打开)。

注意： URL 是指统一资源定位符(Uniform Resource Locator)，是因特网的万维网服务程序上用于指定信息位置的表示方法，俗称网址。URL 一般由协议、域名或 IP 地址、端口号、路径及文件名组成，如图 1.30 所示。

http://61.163.104.244:82/views/index.html

协议　　　　　IP地址及端口号　　　　路径　　　文件名

图 1.30　URL 地址示例

URL 可分为两类：绝对路径和相对路径。

(1) 绝对路径：带域名的文件的完整路径。绝对路径一般从盘符开始，如 D:\proc1\images\pic1.png。

(2) 相对路径：相对于当前文档的路径。在 HTML 文档中，通常是以当前 HTML 文档为起点，描述其他资源的相对位置。

- 当目标文件与当前文件在同一文件夹中时，写作"./文件名.后缀名"。
- 当目标文件在当前文件的上一级文件夹中时，写作"../文件名.后缀名"。
- 当目标文件在当前文件的下一级文件夹中时，写作"文件夹名/文件名.后缀名"。

注意： 在相对路径中有两种相似的符号，即"./"和"../"。其中："./"表示当前目录，可省略不写；"../"表示上级目录，即上一级文件夹，这里需要区分。

【例 1-10】 使用超链接标记，代码如下：

```
<!DOCTYPE html>
<html lang="en">


<head>
    <meta charset="UTF-8">
    <title>超链接标记</title>
</head>


<body>
    <h3>学习网站：</h3>
    <p>
```

```
        <a href="https://www.csdn.net/" target="_blank">CSDN</a>
        <a href="https://www.w3school.com.cn/html/index.asp">w3school</a>
    </p>
</body>


</html>
```

超链接标记效果如图 1.31 所示。当单击"CSDN"文字时，在浏览器新窗口打开网页；当单击"w3school"文字时，在当前窗口打开网页。

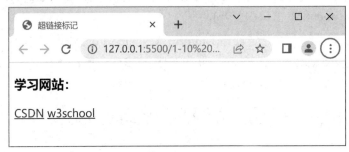

图 1.31　超链接标记效果

2. 锚点链接

典型的网站布局大多使用超链接实现站点内外页面的跳转，在极简风格网站中，经常使用锚点链接实现页面内的跳转。使用锚点链接指向同一页面中内容，实现方法分为两步：

(1) 创建锚点：在链接目标位置定义其 id 属性。

```
<a id="锚点名称">显示内容</a>
```

(2) 链接锚点：定义超链接属性 href="#id 名"。

```
<a href="#锚点名称">显示内容</a>
```

【例 1-11】 使用锚点链接，代码如下：

```
<!DOCTYPE html>
<html lang="en">


<head>
    <meta charset="UTF-8">
    <title>超链接标记</title>
</head>


<body>
    <h1>HTML5 新特性</h1>
    <p>HTML5 将 Web 带入一个成熟的应用平台，在这个平台上，视频、音频、图像、动画以及与设备的交互都进行了规范。</p>
    <ul>
        <li><a href="#one">智能表单</a></li>
```

```
        <li><a href="#two">绘图画布</a></li>
        <li><a href="#three">多媒体</a></li>
        <li><a href="#four">地理定位</a></li>
        <li><a href="#five">数据存储</a></li>
        <li><a href="#six">多线程</a></li>
    </ul>
```

```
        <h3 id="one">智能表单</h3>
```
<p>表单是实现用户与页面后台交互的主要组成部分，HTML5 在表单的设计上功能更加强大。input 类型和属性的多样性大大地增强了 HTML 可表达的表单形式，再加上新增加的一些表单标签，使得原本需要 JavaScript 来实现的控件，可以直接使用 HTML5 的表单来实现；一些如内容提示、焦点处理、数据验证等功能，也可以通过 HTML5 的智能表单属性标签来完成。</p>

```
        <h3 id="two">绘图画布</h3>
```
<p>HTML5 的 canvas 元素可以实现画布功能，该元素通过自带的 API 结合使用 JavaScript 脚本语言在网页上绘制图形和处理，拥有实现绘制线条、弧线以及矩形，用样式和颜色填充区域，书写样式化文本，以及添加图像的方法，且使用 JavaScript 可以控制其每一个像素。HTML5 的 canvas 元素使得浏览器无需 Flash 或 Silverlight 等插件就能直接显示图形或动画图像。</p>

```
        <h3 id="three">多媒体</h3>
```
<p>HTML5 最大特色之一就是支持音频、视频，通过增加<audio>、<video>两个标签来实现对多媒体中音频、视频的支持。只要在 Web 网页中嵌入这两个标签，而无需第三方插件(如 Flash)就可以实现音视频的播放功能。HTML5 对音频、视频文件的支持使得浏览器摆脱了对插件的依赖，加快了页面的加载速度，扩展了互联网多媒体技术的发展空间。</p>

```
        <h3 id="four">地理定位</h3>
```
<p>现今移动网络备受青睐，用户对实时定位的应用越多，要求也越高。HTML5 引入 Geolocation 的 API，可以通过 GPS 或网络信息实现用户的定位功能，定位更加准确、灵活。通过 HTML5 进行定位，除了可以定位自己的位置，还可以在他人对你开放信息的情况下获得他人的定位信息。</p>

```
        <h3 id="five">数据存储</h3>
```
<p>HTML5 较之传统的数据存储有自己的存储方式，允许在客户端实现较大规模的数据存储。为了满足不同的需求，HTML5 支持 DOM Storage 和 Web SQL Database 两种存储机制。其中：DOM Storage 适用于具有 key/value 对的基本本地存储；而 Web SQL Database 是适用于关系型数据库的存储方式，开发者可以使用 SQL 语法对这些数据进行查询、插入等操作。</p>

```
        <h3 id="six">多线程</h3>
```
<p>HTML5 利用 Web Worker 将 Web 应用程序从原来的单线程业界中解放出来，通过创建一个 Web Worker 对象就可以实现多线程操作。JavaScript 创建的 Web 程序处理事务都是在单线程中执行

的，响应时间较长，而当 JavaScript 过于复杂时，还有可能出现死锁的局面。HTML5 新增加了一个 Web Worker API，用户可以创建多个在后台的线程，将耗费较长时间的处理交给后台而不影响用户界面和响应速度。这些处理不会因用户交互而运行中断。使用后台线程不能访问页面和窗口对象，但后台线程可以和页面之间进行数据交互。</p>

```
        </body>
    </html>
```

锚点链接效果如图 1.32 所示。

图 1.32　锚点链接效果

完成锚点链接页面后，单击超链接标题可跳转到相应的锚点位置。

六、图像标记

1. 网页中常见的图像格式

一个成功的网页中必然少不了丰富的图像，图像在网页中不仅可以美化页面，也是对文字重要的补充与说明。由于网络的传输特性，网页中的图像需要具有载入速度快、图像质量高的特点。根据这些特点，网页中常用的图像格式有 JPG、GIF 和 PNG 三种。

1) JPG 格式

JPG 格式是一种最为常见的图像文件格式，支持 8 位和 24 位色彩的压缩位图格式，显示的颜色比 GIF 和 PNG 多，可以用来保存超过 256 种颜色的图像。但 JPG 是一种有损压缩格式。这就意味着每修改一次图片都会用有损压缩的方式去除冗余的图像和颜色数据。JPG是特别为照片设计的文件格式，它的特点是文件尺寸小、下载速度快，同时支持多种浏览器，因此是目前网络上最流行的图像格式。

2) GIF 格式

GIF 最突出的特点是支持动画，且支持透明格式。它的压缩率一般在 50%左右，所占空间非常小，但 GIF 只能处理 256 种颜色，对复杂的颜色不能达到很好的表现效果，因此 GIF 格式常用于 logo、小图标及其他相对单一的图像。

3) PNG 格式

PNG 是一种高保真的图像格式，可以用无损压缩的方式把图像文件压缩到最小，同时支持 alpha 透明，并且颜色过渡更光滑，但 PNG 不支持动画效果。鉴于 PNG 兼有 GIF 和 JPG 格式的大部分优点，它既利于图像传播，又能保证图像的高品质。

由以上常用的网络图像格式的特点可知：网页中的小图片或网页基本元素如图标、按钮等，通常使用 GIF 或 PNG-8 格式；半透明图片使用 PNG-24 格式；类似照片的图像如滚动显示的图片、网页头部图片等，则使用 JPG 格式。

注意，在网页中使用图像时，应遵循以下原则：

(1) 高质量的图像所占空间较大，不利于网络的快速传播，因此在网页设计中使用的图像一般不要超过 8 KB。若图像本身所占空间较大，则可根据情况选择合适的方式进行压缩。

(2) 实践中对于同一文件中多次使用相同的图像的情况，最好使用相对路径查找该图像。

2. 图像标记<img>及其基本属性

使用图像标记<img>可以在网页中添加图片。其基本语法格式如下：

```
<img src="url 地址" />
```

其中，src 属性用来定义图像文件的路径和文件名。除此之外，图像标记还有其他常用属性，具体如下：

(1) width 属性和 height 属性。

• width：用于指定图像的宽。

• height：用于指定图像的高。

图像的宽、高属性值，单位可以是像素(px)，也可以是百分比(%)。不设置 width 和 height 时，图片在浏览器中显示大小等于原图；只设置 width 或 height 时，图片会按比例缩放来确定没有设置的 width 或 height 的值；同时设置 width 和 height 时，图片会缩放到刚好等于设置的宽度和高度，图片中的内容会完整显示，但图片可能会变形(没有按比例缩放的时候)。

(2) title 属性和 alt 属性。

• title：用于指定鼠标悬停在图片上时显示的文字。

• alt：用于指定图片无法显示时的替代文字。

(3) ismap 属性。ismap 属性用来将图像规定为服务器端图像映射。设置了 ismap 属性后，当用户在 ismap 图像上单击时，浏览器会自动把鼠标的 x、y 位置(相对于图像的左上角)发送到服务器端。

注意：

(1) 只有<img>元素属于带有有效 href 属性的<a>元素的后代元素，才允许 ismap

属性。

(2) ismap 属性将图像定义为"服务器端图像映射"。"图像映射"是指带有可单击区域的图像。

【例 1-12】使用图像标记，代码如下：

```
<!DOCTYPE html>
<html lang="en">
<head>
    <meta charset="UTF-8">
    <title>使用图像标记</title>
</head>
<body>
        <a href="#"><img src="images/watermelon.jpg" title="西瓜" alt="水果功效" width="500"
ismap></a>
        <h2>西瓜的营养价值：</h2>
        <p>西瓜堪称"盛夏之王"，清爽解渴，味道甘甜多汁，是盛夏佳果。
        西瓜除不含脂肪和胆固醇外，含有大量葡萄糖、苹果酸、果糖、
        蛋白氨基酸、番茄素及丰富的维生素 C 等物质，是一种富含很高
        的营养、纯净、食用安全的食品。瓤肉含糖量一般为 5%～12%，包括
        葡萄糖、果糖和蔗糖。甜度随成熟后期蔗糖的增加而增加。</p>
</body>
</html>
```

图像标记效果如图 1.33 所示。当鼠标悬停在图片上时，会显示标题"西瓜"；当使用鼠标单击图片时，浏览器会把光标位置发送给服务器；当图片无法正常显示时，浏览器会显示 alt 属性中的文字"水果功效"。

图 1.33　图像标记效果

❖　项　目　实　施　❖

使用 HTML 基本标记制作"旅行家——合作伙伴"页面

步骤 1：创建项目文件夹及 HTML 文档。

(1) 创建项目文件夹 TravelHome，在其中创建 images 文件夹，将素材图片保存在 images 文件夹中。

(2) 打开 VS Code，新建文件，将其文档格式设置为 HTML，并在代码编辑区域输入英文，然后按 Tab 键，会自动生成 HTML 代码基本框架。

(3) 按 Ctrl＋S 键，将 HTML 文档保存到 TravelHome 文件夹中，并命名为 cooperation.html。

步骤 2：布局页面。

(1) 修改页面标题。在<head>标记中，将<title>标记中的文字改为"合作伙伴"。

(2) 布局页面文本、超链接及图像元素，代码如下：

```html
<!DOCTYPE html>
<html lang="en">
<head>
    <meta charset="UTF-8">
    <title>合作伙伴</title>
</head>
<body>
    <h1>合作伙伴</h1>
    <p>打造旅游新势力</p>
    <hr>
    <ul>
        <li>
            <h3><img src="images/zu.png" width="20"> 住宿平台</h3>
            <p>
                <a href="http://www.jinjianginns.com/"><img src="images/jjzx.png"></a>
                <a href="https://www.huazhu.com/Hanting"><img src="images/htjd.jpg"></a>
                <a href="https://www.bthhotels.com/"><img src="images/rj.png"></a>
            </p>
        </li>
        <li>
            <h3><img src="images/jt.png" width="20"> 交通平台</h3>
            <p>
                <a href="https://www.12306.cn/index/"><img src="images/zgtl.png"></a>
                <a href="https://www.csair.com/cn/"><img src="images/nfhk.png"></a>
```

```
                        <a href="http://www.ceair.com/"><img src="images/dfhk.png"></a>
                    </p>
                </li>
                <li>
                    <h3><img src="images/cy.png" width="20"> 餐饮平台</h3>
                    <p>
                        <a href="http://www.dianping.com/"><img src="images/dzdp.png"></a>
                        <a href="https://www.meituan.com/"><img src="images/mt.png"></a>
                        <a href="https://www.ele.me/"><img src="images/elm.png"></a>
                    </p>
                </li>
            </ul>
        </html>
```

"合作伙伴"页面由标题、下划线、合作企业分类列表组成，需要使用标题标记、段落标记、水平线标记和无序列表标记。

在无序列表标记中，包含三个列表项，分别是住宿平台、交通平台、餐饮平台。每个列表项由标题和平台连接组成，其中标题由图标和文字组成，平台连接使用了图像超链接，单击图片即可打开对应的平台网页。

❖ 总结提升 ❖

HTML5 新增标签

为了更好地处理今天的互联网应用，HTML5 提供了新的元素来创建更好的页面结构。这里将介绍 HTML5 新增的结构元素、分组元素、页面交互元素。

1. 结构元素

在 HTML5 出现以前，HTML 布局所使用的标签存在文档定义不明确的问题，需要使用 HTML + CSS 文档结构写法来布局页面，同时也不利于 SEO 搜索引擎对页面内容的抓取。在 HTML5 中，新增加了语义化标签来布局网页，如图 1.34 所示。

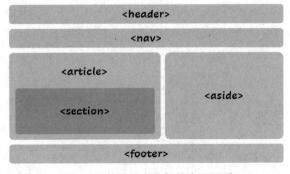

图 1.34　使用语义化标签布局网页

HTML5 语义化标签如下：

（1）header：头部标签，用来定义页面的页眉，可以包含标题等元素，如 logo、搜索表单等。

（2）nav：导航标签，表示页面链接的集合。

（3）article：内容标签，用来定义一个独立的、完整的相关内容块，可独立于页面其他内容使用，如一篇完整的论坛帖子、一篇博客文章、一条用户评论等。article 可以嵌套。例如一篇博客的文章，可以用 article 显示，并且一些评论可以以 article 的形式嵌入其中。

（4）section：块级标签，表示文档中的一个区域，比如内容中的一个专题组。

（5）aside：侧边栏标签，表示与一个和其余页面内容几乎无关的部分，被认为是独立于该内容的一部分且可以被单独拆分出来而不会使整体受影响。它通常表现为侧边栏或者嵌入内容。

（6）footer：尾部标签，用来定义页面的页脚，通常包含原创作者、版权信息、联系方式和站点地图、文档相关的链接等信息。

2. 分组元素

1）figure 元素和 figcaption 元素

在 HTML5 中，可以使用 figure 元素标记文档中的一个图片。figure 元素带有一个标题，使用 figcaption 元素可以添加图片的题注。其语法格式如下：

```
<figure>
    <img src="图片地址">
    <figcaption>图片题注</figcaption>
</figure>
```

【例 1-13】 使用图片与题注，代码如下：

```
<!DOCTYPE html>
<html lang="en">
<head>
    <meta charset="UTF-8">
    <title>图片与题注</title>
</head>
<body>
    <figure>
        <img src="images/sywzz.jpg">
        <figcaption>三亚蜈支洲岛电影取景地</figcaption>
    </figure>
</body>
</html>
```

图片与题注效果如图 1.35 所示。

图 1.35　图片与题注效果

2) hgroup 元素

在 HTML5 中，可以使用 hgroup 元素对网页或区段(section)的标题进行组合。其语法格式如下：

```
<hgroup>
    <hn>标题 1</hn>
    <hn>标题 2</hn>
    ⋮
</hgroup>
```

【例 1-14】　使用 hgroup 元素，代码如下：

```
<!DOCTYPE html>
<html lang="en">
<head>
    <meta charset="UTF-8">
    <title>hgroup 元素</title>
</head>
<body>
    <hgroup>
        <h3>《诗经》</h3>
        <h1>周南·桃夭</h1>
        <h5>作者：佚名</h5>
    </hgroup>
    <p>
```

```
           桃之夭夭，灼灼其华。之子于归，宜其室家。<br/>
           桃之夭夭，有蕡其实。之子于归，宜其家室。<br/>
           桃之夭夭，其叶蓁蓁。之子于归，宜其家人。
       </p>
   </body>
   </html>
```

hgroup 元素应用效果如图 1.36 所示。

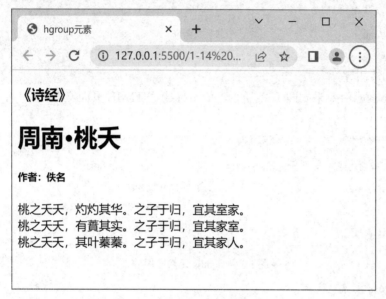

图 1.36   hgroup 元素应用效果

3. 页面交互元素

1) details 元素和 summary 元素

details 元素用于描述文档或者文档某个部分的细节。summary 元素经常与 details 元素配合使用，作为 details 元素的第一个子元素，用于为 details 定义标题。标题是可见的，当用户单击标题时，会显示或隐藏 details 中的其他内容。其语法格式如下：

```
<details>
       <summary>文档简介</summary>
       <p>文档内容</p>
</details>
```

【例 1-15】 使用 details 元素和 summary 元素，代码如下：

```
<!DOCTYPE html>
<html lang="en">
<head>
    <meta charset="UTF-8">
    <title>使用 details 元素</title>
</head>
```

```
    <body>
        <details>
            <summary>HTML 页面交互元素</summary>
            <ul>
                <li>details 元素和 summary 元素</li>
                <li>progress 元素</li>
                <li>meter 元素</li>
            </ul>
        </details>
    </body>
</html>
```

details 元素应用效果如图 1.37 所示。单击标题 "HTML 页面交互元素"，可展开或关闭元素列表。

图 1.37　details 元素应用效果

2) progress 元素

progress 元素用于表示一个任务的完成进度，可以用 0 到某个最大数字(如 100)之间的任意数字来表示准确的进度完成情况。其语法格式如下：

```
<progress value="当前值" max="最大值"></progress>
```

其中：value 表示已经完成的工作量；max 表示总共有多少工作量。

注意：value 和 max 的属性值必须大于 0，且 value 的属性值要小于或等于 max 的属性值。

【例 1-16】 使用 progress 元素，代码如下：

```
<!DOCTYPE html>
<html lang="en">
<head>
    <meta charset="UTF-8">
    <title>使用 progress 元素</title>
</head>
<body>
    <p>已加载：</p>
    <progress value="70" max="100"></progress>
</body>
```

```
</html>
```

progress 元素应用效果如图 1.38 所示。

图 1.38 progress 元素应用效果

3) meter 元素

meter 元素用于表示指定范围内的数值。例如，显示硬盘容量或者显示某个候选者的投票人数占投票总人数的比例等，都可以使用 meter 元素。meter 元素是双标记，其语法格式如下：

```
<meter value="" min="" max="" high="" low="" title="" optimum=""></meter>
```

其中：value 用于定义度量的值；max 用于定义最大值，默认值是 1；min 用于定义最小值，默认值是 0；high 说明定义度量的值位于哪个点被界定为高的值；low 说明定义度量的值位于哪个点被界定为低的值；optimum 说明定义什么样的度量值是最佳的值(如果该值高于 high 的属性值，则意味着值越高越好；如果该值低于 low 的属性值，则意味着值越低越好)。

【例 1-17】 使用 meter 元素，代码如下：

```
<!DOCTYPE html>
<html lang="en">
<head>
    <meta charset="UTF-8">
    <title>使用 meter 元素</title>
</head>
<body>
    <h3>三好学生评选：</h3>
    <p>
        张三：<meter value="80" min="0" max="100" low="60" high="80" title="65 票" optimum=
"100">65</meter><br>
        李四：<meter value="73" min="0" max="100" low="60" high="80" title="80 票" optimum=
"100">80</meter><br>
        王五：<meter value="40" min="0" max="100" low="60" high="80" title="75 票" optimum=
"100">75</meter>
    </p>
</body>
</html>
```

meter 元素应用效果如图 1.39 所示。

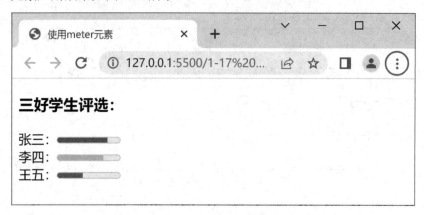

图 1.39　meter 元素应用效果

❖ 拓 展 训 练 ❖

制作"GL 美拍"网站——"底部模块-联系方式"HTML 效果

依据前面所讲知识，制作的"GL 美拍"网站——"底部模块-联系方式"HTML 效果如图 1.40 所示。

图 1.40　"底部模块-联系方式"HTML 效果

制作步骤如下：

(1) 在电脑磁盘里创建项目文件夹 MeiPai。

(2) 在 MeiPai 文件夹中创建文件 index.html。其代码如下：

```
<!DOCTYPE html>
<html lang="zh-CN">
<head>
    <meta charset="UTF-8">
```

```
        <meta http-equiv="X-UA-Compatible" content="IE=edge">
        <title>GL 美拍 - 首页</title>
    </head>
    <body>
        <div>
            <h2>联系方式</h2>
            <div>GL 美拍发展有限公司</div>
            <div>郑州市金水区园田路 x 号</div>
            <div>GL 美拍咨询热线</div>
            <h2>600-xxxx-888</h2>
            <div>GL 美拍售后热线</div>
            <h2>600-xxxx-999</h2>
        </div>
    </body>
</html>
```

说明：

在以上代码中，依照效果图，相同效果的可以放到同样的标记里边。如"联系方式""600-xxxx-888"和"600-xxxx-999"用<h2>块状标记包裹，其他一样的可以用<div>块状标记包裹。

项目 2

认识 CSS3——美化网页

❖ 知识目标

- 了解 CSS3 的发展历史及主流浏览器的支持情况。
- 掌握 CSS 选择器的使用方法，能够运用 CSS 选择器选择页面元素。
- 熟悉 CSS 文本样式属性，能够运用相应的属性定义文本样式。
- 理解 CSS 优先级，能够区分复合选择器权重的大小。
- 掌握 CSS3 新增的属性选择器的使用方法。
- 理解关系选择器的用法，能够准确判断元素与元素之间的关系。
- 掌握常用的结构化伪类选择器、伪元素选择器、CSS 伪类等的使用方法实现页面的不同效果。

❖ 能力目标

- 能够熟练运用 CSS3 属性选择器为页面中的元素添加样式。
- 能够灵活运用 CSS 美化网页。

"旅行家——联系方式"页面效果展示

在实现网页页面时，CSS3 技术能够让原有的网站变得生动美观，文字错落有致。本项目将使用 HTML + CSS3 制作"旅行家——联系方式"页面。完成效果如图 2.1 所示。

图 2.1 "旅行家——联系方式"页面

❖ 知 识 链 接 ❖

随着网页制作技术的不断升级和扩展,旧版本的 CSS 已经无法满足现今的交互设计需求,开发者往往需要更丰富的字体选择、更方便的样式效果、更绚丽的图形动画。CSS3 的出现,在不需要改变原有设计结构的情况下,增加了许多新特性,极大地满足了开发者的需求。

一、CSS3 简介

1. CSS 概述

CSS(Cascading Style Sheets) 通常称为 CSS 样式表或层叠样式表(级联样式表),它以 HTML 为基础,提供了丰富的功能,如字体、颜色、背景的控制及整体排版等,而且还可以针对不同的浏览器设置不同的样式。在图 2.2 中,文字的颜色、大小、图片间的间距等都是通过 CSS 来控制的。

图 2.2　使用 CSS 为页面添加样式效果

CSS 非常灵活,既可以嵌入 HTML 文档中,也可以是一个单独的外部文件。HTML 与 CSS 的关系就像人的身体与衣服,通过更改 CSS 样式,可以轻松控制网页的显示效果。

2. CSS 历史大事记

20 世纪 90 年代初,HTML 语言诞生,各种形式的样式表也随之出现。但随着 HTML 功能的增加,外来定义样式的语言变得越来越没有意义了。1994 年,Hkon Wium Lie 最初提出了 CSS 的想法,联合当时正在设计 Argo 的浏览器的 Bert Bos,他们决定一起合作设计 CSS，于是创造了 CSS 的最初版本。CSS 发展至今出现了四个版本。

1) CSS1

1996 年 12 月，W3C 推出了 CSS 规范的第一个版本。1997 年，W3C 颁布 CSS1 版本，CSS1 较全面地规定了文档的显示样式，可分为选择器、样式属性、伪类/对象几个部分。

2) CSS2

1998 年，W3C 发布了 CSS 的第二个版本，目前主流浏览器都采用这一标准。CSS2 的规范是基于 CSS1 设计的，包含了 CSS1 所有的功能，并扩充和改进了很多更加强大的属性。CSS2 包括选择器、位置模型、布局、表格样式、媒体类型、伪类、光标样式。

3) CSS2.1

2004 年 2 月，CSS2.1 正式推出。它在 CSS2 的基础上略微做了改动，删除了许多不被浏览器支持的属性。

4) CSS3

2001 年 5 月 23 日 W3C 完成了 CSS3 的工作草案，主要包括盒子模型、列表模块、超链接方式、语言模块、背景和边框、文字特效、多栏布局等模块。各主流浏览器对 CSS3 模块支持程度不同。

3. CSS3 浏览器支持情况

CSS3 给用户带来众多全新的设计体验，但并不是所有的浏览器都完全支持它。表 2.1 中列举了各主流浏览器对 CSS3 模块的支持情况。

表 2.1　各主流浏览器对 CSS3 模块的支持情况

CSS3 模块	Chrome4	Safari4	Firefox3.6	Opera10.5	IE10
RGBA	支持	支持	支持	支持	支持
HSLA	支持	支持	支持	支持	支持
Multiple Background	支持	支持	支持	支持	支持
Border Image	支持	支持	支持	支持	不支持
Border Radius	支持	支持	支持	支持	支持
Box Shadow	支持	支持	支持	支持	支持
Opacity	支持	支持	支持	支持	支持
CSS Animations	支持	支持	不支持	不支持	支持
CSS Columns	支持	支持	支持	不支持	支持
CSS Gradients	支持	支持	支持	不支持	支持
CSS Reflections	支持	支持	不支持	不支持	不支持
CSS Transforms	支持	支持	支持	支持	支持
CSS Transforms 3D	支持	支持	不支持	不支持	支持
CSS Transitions	支持	支持	支持	支持	支持
CSS FontFace	支持	支持	支持	支持	支持

由于各个浏览器厂商对 CSS3 各属性的支持程度不一样，因此在标准尚未明确的情况下，会用厂商的前缀加以区分，通常把这些加上私有前缀的属性称为"私有属性"。各主流浏览器都定义自己的私有属性，以便让用户更好地体验 CSS3 的新特性。表 2.2 中列举了各主流浏览器的私有前缀。

表2.2 主流浏览器私有属性

内 核 类 型	浏 览 器	私 有 前 缀
Trident	IE8 / IE9 / IE10	-ms
Webkit	谷歌(Chrome)/ Safari	-webkit
Gecko	火狐(Firefox)	-moz
Blink	Opera	-o

需要说明的是，当运用 CSS3 私有属性时，先写私有的 CSS3 属性，再写标准的 CSS3 属性。当一个属性成为标准，并且被 Firefox、Chrome 等浏览器的最新版普遍兼容时，就可以去掉该属性的 CSS3 前缀。

二、CSS 核心基础

1. CSS 样式规则

1) CSS 语法格式

CSS(层叠样式表)是用来美化页面的一种语言，即上面提到的 W3C 规范中的"样式"。它可以美化界面，也可以进行页面布局。

CSS 的样式规则具体结构如下：

> 选择器{属性 1:属性值 1；属性 2:属性值 2；属性 3:属性值 3；}

其中：

选择器：指定 CSS 样式作用的 HTML 对象。花括号内是对该对象设置的基本样式。

属性和属性值：以"键值对"的形式出现。属性是指对指定的对象设置的样式属性，如字体大小、文本颜色等。属性和属性值之间用英文":"连接；多个"键值对"之间用英文";"进行区分。

CSS 样式规则结构图如图 2.3 所示。

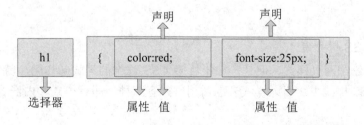

图 2.3 CSS 样式规则结构图

在书写 CSS 样式时，除了要遵循 CSS 样式规则，还必须注意 CSS 代码中的几个特点。具体如下：

(1) CSS 样式中的选择器要严格区分大小写，而声明不区分大小写。按照书写习惯，选择器、声明一般都采用小写的方式。

(2) 多个属性之间必须用英文状态下的分号隔开，最后一个属性后的分号可以省略，但是为了便于增加新样式最好保留。

(3) 如果属性的属性值由多个单词组成且中间包含空格，则必须为这个属性值加上英文状态下的引号。例如：

```
p {font-family: "Times New Roman"；}
```

2) CSS 注释语句

在编写 CSS 代码时，为了提高代码的可读性，可使用注释语句进行注释。其基本语法格式如下：

```
"/*注释语句*/"
```

上面的样式代码可添加如下注释：

```
p {font-family: "Times New Roman"}    /*注释语句不会显示在浏览器窗口中*/
```

在 CSS 代码中空格是不被解析的，花括号以及分号前后的空格可有可无。因此，可以使用空格键、Tab 键、回车键等对样式代码进行排版，即所谓格式化 CSS 代码，这样可以提高代码的可读性。例如：

代码段 1：

```
h1{color: green; font-size: 14px;}
```

代码段 2：

```
h1(
     color: green; /*定义颜色属性*/
     font-size: 14px; /*定义字体大小属性*/
}
```

上述两段代码所呈现的效果是一样的，但是第二种书写方式的可读性更高。需要注意的是，属性值和单位之间是不允许出现空格的，否则浏览器解析时会出错。例如以下这行代码就是错误的。

```
h1{font-size: 14 px;} /*14 和单位 px 之间有空格，浏览器解析时会出错*/
```

注意： VS Code 中可以在代码编辑区域单击鼠标右键，在快捷菜单中选择"格式化文档"来自动整理代码格式。

2. 引入 CSS 样式表

CSS 用于修饰网页样式，但是，如果希望 CSS 修饰的样式起作用，就必须在 HTML 文档中引入 CSS 样式表。引入样式表的常用方式有三种，即行内式、内嵌式、外链式。

1) 行内式

行内式也称内联样式，是通过标记的 style 属性来设置标记的样式。其基本语法格式如下：

```
<标记名 style= "属性 1:属性值 1;属性 2:属性值 2;属性 3:属性值 3;">内容</标记名>
```

上述语法中，style 是标记的属性，实际上任何 HTML 标记都拥有 style 属性，用来设置行内式。属性和属性值的书写规范与 CSS 样式规则一样，行内式只对其所在的标记及嵌套在其中的子标记起作用。

通常 CSS 的书写位置是在<head>头部标记中，行内式却是写在<html>根标记中。例如下面的示例代码，即为行内式 CSS 样式的写法。

【例 2-1】　使用行内式引入 CSS 样式，代码如下：

```
<!DOCTYPE html>
<html>
<head>
    <meta charset="UTF-8">
    <title>使用行内式引入 CSS 样式</title>
</head>
<body>
    <h1 style="font-size:30px; color:red;">使用 CSS 行内式修饰一级标题的字体大小和颜色</h1>
</body>
</html>
```

在上述代码中，使用<h1>标记的 style 属性设置行内式 CSS 样式，以修饰一级标题的字体大小和颜色。行内式引入 CSS 样式效果如图 2.4 所示。

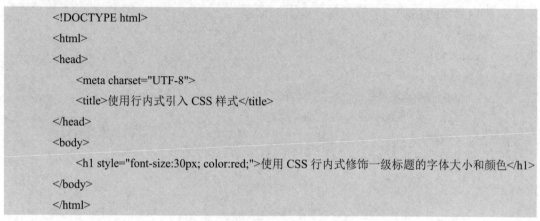

图 2.4　行内式引入 CSS 样式效果

需要注意的是，行内式是通过标记的属性来控制样式的，这样并没有做到结构与样式分离，所以一般很少使用。

2) 内嵌式

内嵌式是将 CSS 代码集中写在 HTML 文档的<head>头部标记中，并且用< style>标记定义。其基本语法格式如下：

```
<head>
    ⋮
    <style type="text/css">
        选择器  {属性 1:属性值 1;属性 2:属性值 2;属性 3:属性值 3;}
    </style>
</head>
```

上述语法中，<style>标记一般位于<head>标记中<title>标记之后，也可以把它放在

HTML 文档的任何地方。但是，由于浏览器是从上到下解析代码的，把 CSS 代码放在头部有利于提前下载和解析，从而可以避免网页内容下载后没有样式修饰带来的尴尬。除此之外，必须设置 type 的属性值为"text/css"，这样浏览器才知道<style>标记包含的是 CSS 代码。

【例 2-2】　使用内嵌式引入 CSS 样式，代码如下：

```html
<!DOCTYPE html>
<html>
<head>
    <meta charset="UTF-8">
    <title>使用内嵌式引入 CSS 样式</title>
    <style type="text/css">
        h2 {
            text-align: center;
        }

        p {
            font-size: 20px;
            color: #f00;
            text-decoration: underline;
        }
    </style>
</head>
<body>
    <h2>内嵌样式表</h2>
    <p>内嵌样式表一般将 CSS 代码集中在 head 头部标记中。</p>
</body>
</html>
```

内嵌式引入 CSS 样式效果如图 2.5 所示。

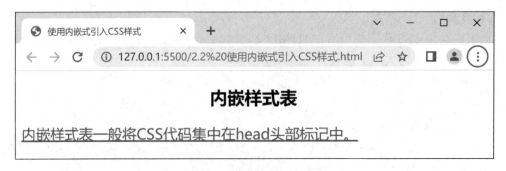

图 2.5　内嵌式引入 CSS 样式效果

3) 外链式

外链式是将所有的样式放在一个或多个以".css"为扩展名的外部样式表文件中，通过

<link/>标记将外部样式表文件链接到 HTML 文档中。其基本语法格式如下：

```
<head>
<1ink href="css 文件的路径"　type="text/css"　rel="stylesheet"/>
</head>
```

上述语法中，<link> 标记需要放在<head>头部标记中，并且必须指定<link/>标记的三个属性。具体如下：

· href：定义所链接外部样式表文件的 URL，可以是相对路径，也可以是绝对路径。

· type：定义所链接文档的类型，在这里需要指定为"text/css"，表示链接的外部文件为 CSS 样式表。

· rel：定义当前文档与被链接文档之间的关系，在这里需要指定为"stylesheet"，表示被链接的文档是一个样式表文件。

外链式是使用频率最高、最实用的 CSS 样式表，因为它将 HTML 代码与 CSS 代码分离为两个或多个文件，实现了结构和样式完全分离，使得网页的前期制作和后期维护都十分方便。

(1) 新建 HTML 文档。

【例 2-3】　使用外链式引入 CSS 样式，代码如下：

```
<!DOCTYPE html>
<html>
<head>
    <meta charset="UTF-8">
    <title>使用外链式引入 CSS 样式</title>
    <link href="wls.css" type="text/css" rel="stylesheet"/>
</head>
<body>
    <h2>外链样式表</h2>
    <p>通过 link 标记将扩展名为.css 的外部样式表文件链接到 html 文档中来。</p>
</body>
</html>
```

(2) 编写对应的 CSS 文件，代码如下：

```
h2 {
    text-align: center;
}
p {
    font-size: 20px;
    color: #00f;
    text-decoration: underline;
}
```

外链式引入 CSS 样式效果如图 2.6 所示。

图 2.6　外链式引入 CSS 样式效果

在介绍样式表的三种引入方式之后，对其优缺点及使用情况进行总结，具体见表 2.3。

表 2.3　CSS 引入方式对比

样式表	优　点	缺　点	使用情况	控制范围
行内式	书写方便，权重高	没有实现样式和结构相分离	较少	控制一个标签(少)
内嵌式	部分结构和样式相分离	结构和样式没有彻底分离	较多	控制一个页面(中)
外链式	完全实现结构和样式相分离	需要引入外部 CSS 文件	最多(强烈推荐)	控制整个站点(多)

3. CSS 基础选择器

要将 CSS 样式应用于特定的 HTML 元素，首先找到该目标元素。在 CSS 中，执行这一任务的样式规则部分被称为选择器(选择符)。

1) 标签选择器

一个完整的 HTML 页面是由很多不同的标签组成。标签选择器是指用 HTML 标签名称作为选择器，按标签名称分类，为页面中某一类标签指定统一的 CSS 样式。其基本语法格式如下：

标签名{属性 1:属性值 1; 属性 2:属性值 2; 属性 3:属性值 3; }

如果设置 HTML 的样式，选择器通常会是某个 HTML 元素，比如 p、h1、em、a，甚至可以是 HTML 本身。例如：

html {background-color: black;}

p {font-size: 30px; background-color: gray;}

h2 {background-color: red;}

以上 CSS 代码会对整个文档添加黑色背景；将所有 p 元素字体大小设置为 30 像素，同时添加灰色背景；对文档中所有 h2 元素添加红色背景。

标签选择器最大的优点是能快速为页面中同类型的标签统一样式，同时这也是它的缺点，不能设计差异化样式。

2) 类选择器

类选择器以 "." 符号开头，后面跟一个自定义的名称，在使用时，以 HTML 标签的 class 属性来标记。其基本语法格式如下：

.类名{属性 1:属性值 1; 属性 2:属性值 2; 属性 3:属性值 3; }

在该语法中,类名即为 HTML 元素的 class 属性值,大多数 HTML 元素都可以定义 class 属性。类选择器最大的优势是可以为元素对象定义单独或相同的样式。

在使用类选择器之前,需修改具体的文档标记,以便类选择器正常工作。

```
<p class="text">示例一</p>
<h1 class="text">示例二</h1>
```

同一个 class 名可应用在多个 HTML 标签上,如:

```
.text{
    font-size:10px;
}
```

在调用完".text"样式后, <p><h1>字体均变为 10px。

类选择器也可以结合元素选择器使用,如:

```
p.text{color:blue;}   //注意 p 与 .text 间不能有空格
```

该样式只将<p>颜色变为蓝色。

一个元素也可以有多个类选择器,如:

```
<p class="text text2"></p>   <!-- text 与 text2 间用空格隔开-->
```

需要注意的是,类名的第一个字符不能使用数字,并且要严格区分大小写,一般采用小写的英文字符。

3) id 选择器

id 选择器使用"#"进行标识,后面紧跟 id 名。其基本语法格式如下:

```
#id 名{属性 1:属性值 1; 属性 2:属性值 2; 属性 3:属性值 3; }
```

id 选择器类似于类选择器,但有一定区别:

(1) 同一个名字的 id 选择器在同一个 HTML 文档中,只能使用一次;

(2) 一个元素只能有一个 id 选择器。

【例 2-4】 使用 CSS 基础选择器,代码如下:

```html
<!DOCTYPE html>
<html>
<head>
    <meta charset="UTF-8">
    <title>使用 CSS 基础选择器</title>
    <style type="text/css">
        p {
            font-family: '宋体';
        }
        .font1 {
            color: green;
        }
        #font2 {
            text-decoration: underline;
        }
```

```
        </style>
    </head>
    <body>
        <p>使用标签选择器</p>
        <h2 class="font1">使用类选择器</h2>
        <p class="font1">使用类选择器</p>
        <h2 id="font2">使用 id 选择器</h2>
    </body>
</html>
```

CSS 基础选择器应用效果如图 2.7 所示。

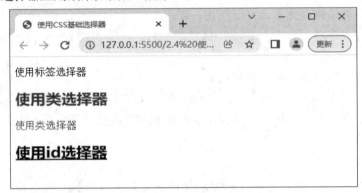

图 2.7　CSS 基础选择器应用效果

4) 通配符选择器

通配符选择器用 "*" 号表示，它是所有选择器中作用范围最广的，能匹配页面中所有的元素。其基本语法格式如下：

```
* { 属性 1:属性值 1; 属性 2:属性值 2; 属性 3:属性值 3; }
```

例如下面的代码，可以使用通配符选择器定义 CSS 样式，清除所有 HTML 标记的默认边距。

```
* {
    margin: 0;              /* 定义外边距*/
    padding: 0;            /* 定义内边距*/
}
```

注意：在实际网页开发中并不建议使用通配符选择器，因为它设置的样式对所有的 HTML 标记都生效，不管标记是否需要该样式，这样反而降低了代码的执行速度。

5) 交集选择器

交集选择器一般由两个选择器构成，第一个为标记选择器，第二个为 class 选择器或 id 选择器，两个选择器之间不能有空格，如 h3.special 或 p#one。

【例 2-5】　使用交集选择器，代码如下：

```
<!DOCTYPE html>
<html>
```

```html
<head>
    <meta charset="UTF-8">
    <title>使用交集选择器</title>
    <style type="text/css">
        p {
            font-size: 14px;
        }
        .special {
            color: blue;
        }
        p.special {
            color: red;
        }
        p#fold {
            font-weight: bold;
            color: green;
        }
    </style>
</head>
<body>
    <p>普通段落(12px)</p>
    <p class="special">指定了.special 类的段落文本(红色)</p>
    <p id="fold">指定了#fold 的段落文本(加粗绿色)</p>
    <h2>二级标题文本</h2>
    <h2 class="special">指定了.special 类的二级标题文本(蓝色)</h2>
</body>
</html>
```

交集选择器应用效果如图 2.8 所示。

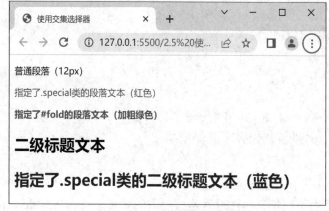

图 2.8　交集选择器应用效果

从运行结果可以看出,例 2-5 中除了定义<p>和<special>标记外,还单独定义了 p.special 和 p#fold,用于特殊的控制。

6) 并集选择器

并集选择器是各个选择器通过逗号连接而成的,任何形式的选择器都可以作为并集选择器的一部分。若某些选择器定义的样式完全相同或部分相同,可利用并集选择器为它们定义相同的样式。

【例 2-6】 使用并集选择器,代码如下:

```
<!DOCTYPE html>
<html>
<head>
    <meta charset="UTF-8">
    <title>并集选择器</title>
    <style type="text/css">
        h2,
        h3,
        p {
            font-size: 20px;
        }
        /*不同标记组成的并集选择器*/
        h3,
        .special,
        #one {
            text-decoration: underline;
            color: red;
        }
        /*标记、类、id 组成的并集选择器*/
    </style>
</head>
<body>
    <h2>《独坐敬亭山》</h2>
    <h3>唐  李白</h3>
    <p>众鸟高飞尽,</p>
    <p>孤云独去闲。</p>
    <p class="special">相看两不厌,</p>
    <p id="one">只有敬亭山。</p>
</body>
</html>
```

例 2-6 中使用由不同标记通过逗号连接而成的并集选择器 h2、h3、p,控制所有标题和段落的字号；然后使用由标记、类、id 通过逗号连接而成的并集选择器 h3、.special、#one，定义某些文本的下划线效果。由图 2.9 可以看出，使用并集选择器定义样式与各个基础选择器单独定义样式效果完全相同，而且这种方式书写的 CSS 代码更简洁、直观。

并集选择器应用效果如图 2.9 所示。

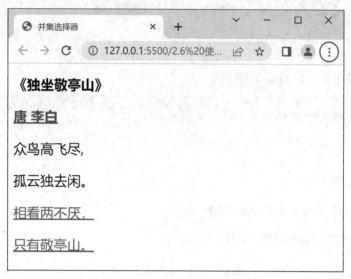

图 2.9 并集选择器应用效果

7) 后代选择器

后代选择器用来选择元素或元素组的后代，其写法就是把外层标记写在前面，内层标记写在后面，中间用空格分隔。当标记发生嵌套时，内层标记就成为外层标记的后代。

【例 2-7】 使用后代选择器，代码如下：

```
<!DOCTYPE html>
<html>
<head>
    <meta charset="UTF-8">
    <title>后代选择器</title>
    <style type="text/css">
        p strong {
            color: red;
            font-weight: 700;
        }
        /*后代选择器*/
        strong {
            font-style: italic;
            color: blue;
        }
    </style>
```

```
    </head>
    <body>
        <p>普通段落</p>
        <strong>指定了.strong 类的段落文本</strong>
        <p>段落中的<strong>强调部分</strong>，后代选择器嵌套。</p>
    </body>
    </html>
```

后代选择器应用效果如图 2.10 所示。

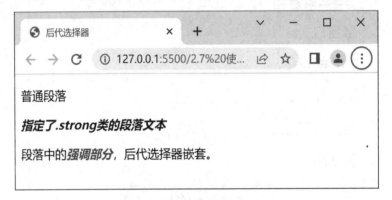

图 2.10　后代选择器应用效果

例 2-7 中定义了两个<strong>标记，并且第二个<strong>标记嵌套在<p>之中，样式表中设置了<strong>标记和 p strong 的样式。从运行结果可以看出，后代选择器 p strong 定义的样式仅仅适用于嵌套在<p>标记中的<strong>标记，其他的<strong>标记不受影响。

三、文本样式属性

1. 字体样式属性

1) font-size(字体尺寸)

font-size 属性可设置字体的尺寸。该属性的值可以使用相对长度单位，也可以使用绝对长度单位，具体如表 2.4 所示。

表 2.4　font-size 长度单位

长度单位		说　　明
相对长度单位	em	相对于当前对象内文本的字体尺寸
	px	像素(最常用)，推荐使用
绝对长度单位	in	英寸
	cm	厘米
	mm	毫米
	pt	点

其中，相对长度单位比较常用，推荐使用像素单位 px，绝对长度单位使用较少。例如，将网页中所有段落文本的字号大小设为 12 px，可以使用以下 CSS 样式：

```
p{ font-size:12px;}
```

2) font-family(字体类型)

font-family 属性用于设置字体类型。网页中常用的字体有宋体、微软雅黑、黑体等。例如，将网页中所有段落文本的字体设置为微软雅黑，可以使用以下 CSS 样式：

```
p{ font-family:"微软雅黑";}
```

可以为给定的元素指定多个字体。要做到这一点，需要把这些字体按照优先顺序排列，然后用逗号进行连接。例如：

```
p{ font-family:"微软雅黑", "宋体", "花纹彩云";}
```

当应用上面的字体样式时，会首选"微软雅黑"；如果用户电脑上没有安装该字体，则选择"宋体"；如果也没有安装宋体，则选择"黑体"；当指定的字体都没有安装时，就会使用浏览器默认字体。

使用 font-family 设置字体时，需要注意以下几点：

(1) 各种字体之间必须使用英文状态下的逗号隔开。

(2) 中文字体需要加英文状态下的引号，英文字体一般不需要加引号。当需要设置英文字体时，英文字体名必须位于中文字体名之前。如下面的代码：

```
body{font-family:Arial, "微软雅黑", "宋体", "黑体";}      /*正确的书写方式*/
body{font-family:"微软雅黑", "宋体", "黑体", Arial;}      /*错误的书写方式*/
```

(3) 如果字体名中包含空格、# 或 $ 之类的符号，则该字体必须加英文状态下的单引号或双引号，如 font-family:"Times New Roman";。

(4) 尽量使用系统默认字体，保证在任何用户的浏览器中都能正确显示。

3) font-weight(字体粗细)

font-weight 属性用于定义字体的粗细，其可用的属性值如表 2.5 所示。

表 2.5　font-weight 可用属性值

值	描　　述
normal	默认值。定义正常的字体
bold	定义加粗的字体
bolder	定义更粗的字体
lighter	定义更细的字体
100～900(100 的整数倍)	定义由细到粗的字体。其中，400 等同于 normal，700 等同于 bold，值越大字体越粗

在实际的网页开发中，常用的 font-weight 的属性值为 normal 和 bold，用来定义正常或加粗显示的字体。例如：

```
p.normal {font-weight:normal;}
p.thick {font-weight:bold;}
p.thicker {font-weight:900;}
```

4) font-style(字体风格)

font-style 属性常用于定义字体风格，如设置斜体、倾斜或正常字体。该属性有三个值：

(1) normal：文本正常显示。

(2) italic：文本斜体显示。

(3) oblique：文本倾斜显示。

使用方法如下：

```
p.normal {font-style:normal;}
p.italic {font-style:italic;}
p.oblique {font-style:oblique;}
```

注意：斜体(italic)是一种简单的字体风格，通过对每个字母的结构进行一些小改动，来反映变化的外观。与此不同，倾斜(oblique)则是正常竖直文本的一个倾斜版本。

通常情况下，italic 和 oblique 文本在 Web 浏览器中看上去完全一样。

5) font(综合设置字体样式)

font 属性用于对字体样式进行综合设置。其基本语法格式如下：

```
选择器{font: font-style font-variant font-weight font-size/line-height font-family;}
```

使用 font 属性时，必须按照上面语法格式中的顺序书写，且各个属性以空格隔开。例如：

```
p{
    font-family: Arial, "宋体";
    font-size: 25px;
    font-style: italic;
    font-weight: bold;
    font-variant: small-caps;
    line-height: 40px;    /*行高*/
}
```

等价于：

```
p{font:italic small-caps bold 25px/40px Arial, "宋体"}
```

其中不需要设置的属性可以省略(取默认值)，但必须保留 font-size 和 font-family 属性，否则 font 属性将不起作用。

【**例 2-8**】 字体的综合设置，代码如下：

```
<!DOCTYPE html>
<html>
    <head>
        <meta charset="UTF-8">
        <title>字体的综合设置</title>
        <style type="text/css">
        .one{font:italic small-caps 18px/30px "华文彩云";}
        .two{font:italic 18px/30px;}
        </style>
    </head>
```

```
    <body>
        <p class="one">段落 1：综合使用字体的样式</p>
        <p class="two">段落 2：综合使用字体的样式</p>
    </body>
</html>
```

字体的综合设置效果如图 2.11 所示。该例中定义了两个段落，同时使用 font 属性分别对它们进行相应的设置。但是从运行结果可以看出，由于第二个段落的设置中省略了字体属性 font-family，因此第二段的样式没有起到任何效果。

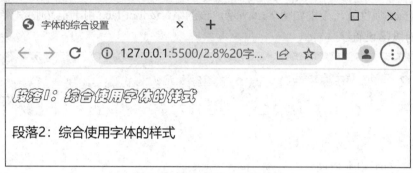

图 2.11　字体的综合设置效果

6）@font-face

@font-face 是 CSS3 的新增属性，用于定义服务器字体。通过@font-face 属性，开发者可以在用户计算机未安装字体时，使用任何喜欢的字体。其基本语法格式如下：

```
@font-face{
    font-family:字体名称;
    src:字体路径;
}
```

在上面的语法格式中，font-family 属性用于指定该服务器字体的名称，该名称可以随意定义；src 属性用于指定该字体文件的路径。

【例 2-9】　@font-face 属性练习，代码如下：

```
<!DOCTYPE html>
<html>
    <head>
        <meta charset="UTF-8">
        <title>@font-face 属性练习</title>
        <style type="text/css">
        @font-face {
            font-family: "汉字拼音体";
            src: url("font/汉字拼音体.ttf");
        }
        p{font-family:"汉字拼音体";
         font-size:32px;
```

```
        }
        </style>
    </head>
    <body>
        <p>海纳百川，有容乃大；</p>
        <p>壁立千仞，无欲则刚。</p>
    </body>
</html>
```

@font-face 属性练习效果如图 2.12 所示。该例中，@font-face 用于定义服务器字体，p 选择器用于为段落设置字体样式。

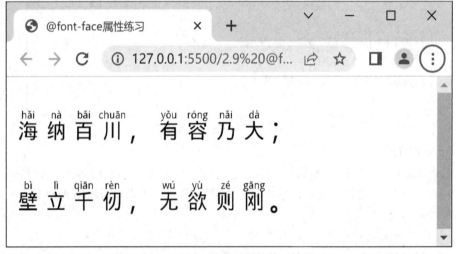

图 2.12　@font-face 属性练习效果

7) word-wrap

word-wrap 属性用于长单词和 URL 地址的自动换行。其基本语法格式如下：

```
选择器{word-wrap:属性值;}
```

在上面的语法格式中，word-wrap 属性的取值有两种，如表 2.6 所示。

表 2.6　word-wrap 可用属性值

值	描　　述
normal	只在允许的断字点换行(浏览器保持默认处理)
break-word	在长单词或 URL 地址内部进行换行

【例 2-10】　使用 word-wrap 属性，代码如下：

```
<!DOCTYPE html>
<html>
    <head>
        <meta charset="UTF-8">
        <title>word-wrap 属性</title>
```

```
        <style>
            p{width: 100px;
            height: 100px;
            border: 1px solid #ff0000;}
            .break-word{word-wrap:break-word;} /*网址在段落内部换行*/
        </style>
    </head>
    <body>
        <span>word-wrap:normal;效果展示</span>
        <p>百度网站 http://www.baidu.com</p>
        <span>word-wrap:break-word;效果展示</span>
        <p class="break-word">百度网站 http://www.baidu.com</p>
    </body>
</html>
```

例 2-10 定义了两个包含网址的段落，并对它们设置相同的宽度、高度；对第二个段落应用"word-wrap:break-word;"样式，使得网址在段落内部可以换行。

word-wrap 属性应用效果如图 2.13 所示。当 word-wrap 属性值为 break-word 时，URL 地址会沿边框自动换行。

图 2.13　word-wrap 属性应用效果

2. 文本外观属性

使用 HTML 可以对文本外观进行简单的控制，但是效果却不理想。为此，CSS 提供了一系列的文本外观样式属性。

1) color(文本颜色)

color 属性指定文本的颜色。其取值方式如表 2.7 所示。

表 2.7　color 可用属性值

值	描　述	实　例
颜色的名称	颜色的名称，比如 red、blue、brown、lightseagreen 等，不区分大小写	color:red;　/* 红色 */ color:black;　/* 黑色 */ color:gray;　/* 灰色 */ color:white;　/* 白色 */ color:purple; /* 紫色 */

十六进制	用十六进制表示为#RRGGBB 和#RGB，比如#ff0000 表示红色；"#"后跟 6 位或者 3 位十六进制字符(0～9，A～F)	#f03
		#F03
		#ff0033
		#FF0033
		rgb(255, 0, 51)
		rgb(255, 0, 51)

RGB，红-绿-蓝(Red-Green-Blue)	规定颜色值为 rgb 代码的颜色。函数格式为 rgb(R, G, B)，取值可以是 0～255 的整数或百分比	rgb(255, 0, 51) rgb(255, 0, 51) rgb(100%, 0%, 20%) rgb(100%, 0%, 20%)
RGBA，红-绿-蓝-阿尔法(RGBA)	RGBA 扩展了 RGB 颜色模式，它包含阿尔法通道，允许设定一个颜色的透明度。A 表示透明度：0＝透明；1＝不透明	rgba(255, 0, 0, 0.1)/* 10% 不透明 */ rgba(255, 0, 0, 0.4)/* 40% 不透明 */ rgba(255, 0, 0, 0.7)/* 70% 不透明 */ rgba(255, 0, 0, 1)/*不透明，即红色 */
HSL，色相-饱和度-明(Hue-Saturation-Lightness)	色相(Hue)表示色环(即代表彩虹的一个圆环)的一个角度。饱和度和明度由百分数来表示：100%是满饱和度，而 0%是一种灰度；100%明度是白色，0%明度是黑色	hsl(120, 100%, 25%)/* 深绿色 */ hsl(120, 100%, 50%)/* 绿色 */ hsl(120, 100%, 75%)/* 浅绿色 */
HSLA，色相-饱和度-明度-阿尔法(HSLA)	HSLA 扩展了自 HSL 颜色模式，包含阿尔法通道，可以规定一个颜色的透明度。A 表示透明度：0＝透明；1＝不透明	hsla(240, 100%, 50%, 0.05)/* 5%不透明*/ hsla(240, 100%, 50%, 0.4)/* 40%不透明*/ hsla(240, 100%, 50%, 0.7)/* 70%不透明*/ hsla(240, 100%, 50%, 1)/* 完全不透明*/

2) letter-spacing(字间距)

letter-spacing 属性用于定义字间距。所谓字间距，就是字符与字符之间的空白。letter-spacing 属性的取值有三种，如表 2.8 所示。

表 2.8　letter-spacing 可用属性值

值	描　述
normal	默认。规定字符间没有额外的空间
length	定义字符间的固定空间(允许使用负值)
inherit	规定应该从父元素继承 letter-spacing 属性的值

3) word-spacing(单词间距)

word-spacing 属性用于定义英文单词之间的间距，对中文字符无效。和 letter-spacing 一样，word-spacing 属性值可为不同单位的数值，允许使用负值，默认为 normal。

word-spacing 和 letter-spacing 均可对英文进行设置，不同的是，letter-spacing 定义的为字母之间的间距，而 word-spacing 定义的为英文单词之间的间距。

【例 2-11】　word-spacing 与 letter-spacing 的区别，代码如下：

```
<!DOCTYPE html>
<html>
    <head>
        <meta charset="UTF-8">
        <title>word-spacing 与 letter-spacing 的区别</title>
        <style>
            .letter{letter-spacing: 20px; }
            .word{word-spacing: 20px; }
        </style>
    </head>
    <body>
        <span>word-spacing 与 letter-spacing 的区别</span>
        <p class="letter">这是 letter-spacing 案例。</p>
        <p class="word">这是 word spacing 案例。</p>
    </body>
</html>
```

例 2-11 定义了两段文本，分别对应 letter-spacing 和 word-spacing 属性。word-spacing 与 letter-spacing 的区别效果如图 2.14 所示。从图中可以看出，letter-spacing 对中英文均有效，而 word-spacing 只对英文有效。

图 2.14　word-spacing 与 letter-spacing 的区别效果

4) line-height(行间距)

line-height 属性用于设置行间距。所谓行间距，就是行与行之间的距离，即字符的垂直间距，一般称为行高。

line-height 常用的属性值单位有三种，分别为像素(px)、相对值(em)和百分比(%)。实际工作中使用最多的是像素。

【例2-12】　关于行高 line-height 的用法，代码如下：

```
<!DOCTYPE html>
<html>
    <head>
        <meta charset="UTF-8">
        <title>行高 line-height 的用法</title>
        <style>
            .first{font-size: 16px; line-height: 18px;border:1px solid red;}
            .second{font-size: 12px; line-height: 2em; border:1px solid red;}
            .third{font-size: 12px; line-height: 150%;border:1px solid red;}
            .fourth{font-size: 14px; line-height: 2em;border:1px solid red;}
            .fifth{font-size: 14px; line-height: 150%;border:1px solid red;}
        </style>
    </head>
    <body>
        <span>行高 line-height 的用法</span>
        <p class="first">font-size: 16px; line-height: 18px</p>
        <p class="second">font-size: 12px; line-height: 2em</p>
        <p class="third">font-size: 12px; line-height: 150%</p>
        <p class="fourth">font-size: 14px; line-height: 2em</p>
        <p class="fifth">font-size: 14px; line-height: 150%</p>
    </body>
</html>
```

例 2-12 定义了五段文本，分别对应五种样式。行高 line-height 应用效果如图 2.15 所示。从图中可以看出，段落外围线框的高度即为这段文本的行高。

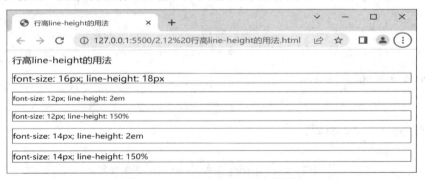

图 2.15　行高 line-height 应用效果

5) text-transform(文本转换)

text-transform 属性用于控制英文字符的大小写。这个属性有四个值：

(1) none：默认值。none 对文本不做任何改动，将使用源文档中的原有大小写。

(2) Uppercase：将文本转换为全大写。

(3) Lowercase：将文本转换为全小写。

(4) Capitalize：只对每个单词的首字母大写。

如以下 CSS 样式，可以将所有一级标题中的字符转换为大写。

```
h1 {text-transform: uppercase}
```

6) text-decoration(文本装饰)

text-decoration 属性用于设置文本的下划线、上划线、删除线等装饰效果。其可用属性值如下：

(1) none：没有装饰(正常文本默认值)。

(2) underline：下划线。

(3) overline：上划线。

(4) line-through：删除线。

(5) blink：会让文本闪烁。

text-decoration 可以赋多个属性值，用于给文本添加多种显示效果。如果希望所有超链接既有下划线，又有上划线，则规则如下：

```
a:link a:visited {text-decoration: underline overline;}
```

不过要注意的是，如果两个不同的装饰都与同一元素匹配，胜出规则的值会完全取代另一个值。如以下 CSS 样式：

```
h2.stricken {text-decoration: line-through;}
h2 {text-decoration: underline overline;}
```

对于给定的样式，所有 class 为 stricken 的 h2 元素都只有一个贯穿线装饰，而没有下划线和上划线，因为 text-decoration 值会替换而不是累积起来。

【例 2-13】　关于 text-decoration 文本装饰的用法，代码如下：

```
<!DOCTYPE html>
<html>
    <head>
        <meta charset="UTF-8">
        <title>text-decoration 文本装饰的用法</title>
        <style>
            .first{text-decoration: underline;}     /*设置下划线*/
            .second{text-decoration: overline;}  /*设置上划线*/
            .third{text-decoration:line-through;}     /*设置删除线*/
            .fourth{text-decoration: line-through underline;}        /*设置下划线和删除线*/
        </style>
    </head>
    <body>
        <p class="first">设置下划线</p>
        <p class="second">设置上划线</p>
        <p class="third">设置删除线</p>
        <p class="fourth">既有删除线，又有下划线</p>
```

```
        </body>
    </html>
```

例 2-13 定义了四段文本，分别对应四种样式。text-decoration 文本装饰应用效果如图 2.16 所示。从图中可以看出，text-decoration 不同的属性值对应不同的效果。

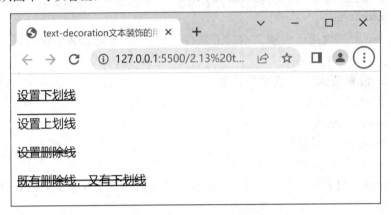

图 2.16　text-decoration 文本装饰应用效果

7) text-align(水平对齐方式)

text-align 属性用于设置一个元素中的文本内容的对齐方式，相当于 HTML 中的 align 对齐属性。其可用属性值如下：

(1) left：左对齐(默认值)。

(2) right：右对齐。

(3) center：居中对齐。

text-align 属性值 left、right 和 center 会导致元素中的文本分别左对齐、右对齐和居中。例如设置段落文字居中对齐，可使用以下 CSS 样式：

```
        p{text-align:center;}
```

注意：欧洲语言都是从左向右读，所有 text-align 的默认值是 left，即文本在左边界对齐，右边界呈锯齿状(称为"从左到右"文本)。对于希伯来语和阿拉伯语之类的语言，text-align 则默认为 right，因为这些语言从右向左读。不出所料，center 会使每个文本行在元素中居中。

8) text-indent(首行缩进)

text-indent 属性用于设置文本块中首行文本的缩进，其属性值可为不同单位的数值、em 字符宽度的倍数或相对于浏览器窗口宽度的百分比%，允许使用负值，建议使用 em 作为设置单位。

【例 2-14】　首行缩进 text-indent，代码如下：

```
        <!DOCTYPE html>
        <html>
            <head>
                <meta charset="UTF-8">
                <title>首行缩进 text-indent</title>
```

```
        <style>
            .first{text-indent: 2em;}
            .second{text-indent: 30px;}
        </style>
    </head>
    <body>
        <p class="first">text-indent 属性用于设置文本块中首行文本的缩进。</p>
        <p class="second">属性值可为不同单位的数值、em 字符宽度的倍数或相对于浏览器窗
口宽度的百分比%，允许使用负值，建议使用 em 作为设置单位。</p>
    </body>
</html>
```

例 2-14 定义了两段文本，分别对应两种样式。首行缩进 text-indent 效果如图 2.17 所示。

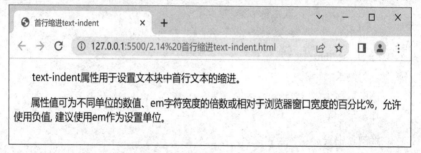

图 2.17　首行缩进 text-indent 效果

9) white-space(空白符处理)

在 HTML 网页中，无论源代码中有多少空格，在浏览器中只会显示一个字符的空白。CSS 中提供了 white-space 属性，可设置空白符的处理方式。其属性值如下：

(1) normal：常规(默认值)，对文本中的空格、空行无效，满行(到达区域边界)后自动换行。

(2) pre：预格式化，按文档的书写格式保留空格、空行原样。

(3) nowrap：对文本中的空格、空行无效，强制文本不能换行，除非遇到换行标记
。内容超出元素的边界也不换行，若超出浏览器页面则会自动增加滚动条。

【例 2-15】　空白处理 white-space，代码如下：

```
<!DOCTYPE html>
<html>
    <head>
        <meta charset="UTF-8">
        <title>空白处理 white-space</title>
        <style>
            .first{white-space: normal;}
            .second{white-space: pre;}
            .third{white-space: nowrap;}
        </style>
    </head>
```

```
<body>
    <p class="first">
        锄禾

    锄禾日当午,

    汗滴禾下土;

    谁知盘中餐,

    粒粒皆辛苦。
    </p>
    <p class="second">
                    锄禾

            锄禾日当午,

            汗滴禾下土;

            谁知盘中餐,

            粒粒皆辛苦。</p>
    <p class="third">
        锄禾

    锄禾日当午,

    汗滴禾下土;

    谁知盘中餐,

    粒粒皆辛苦。

    </p>
</body>
</html>
```

例 2-15 定义了三段文本，分别对应三种样式。空白处理 white-space 效果如图 2.18 所示。从图中可以看出，"white-space: pre" 定义的段落会保留空白符在浏览器中的原样。使用 "white-space: nowrap" 定义的段落未换行，并且浏览器窗口出现了滚动条。

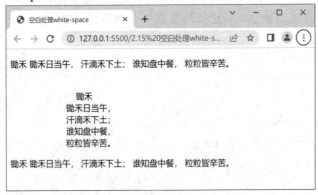

图 2.18　空白处理 white-space 效果

10) text-shadow(阴影效果)

text-shadow 属性可以为页面中的文本添加阴影效果。其基本语法格式如下：

```
选择器{text-shadow: h-shadow v-shadow blur color;}
```

上述语法中，text-shadow 属性值如表 2.9 所示。

表 2.9　text-shadow 属性值

值	描　　述
h-shadow	必需。设置水平阴影的位置，允许负值
v-shadow	必需。设置垂直阴影的位置，允许负值
blur	可选。设置模糊的距离
color	可选。设置阴影的颜色

【例 2-16】　设置文字阴影效果，代码如下：

```html
<!DOCTYPE html>
<html>
    <head>
        <meta charset="UTF-8">
        <title>文字阴影效果</title>
        <style type="text/css">
            .first{
                font-size: 50px;
                text-shadow: 5px 5px 5px red;
            }
            .second{
                font-size: 50px;
                text-shadow: 10px 10px 10px green;
            }
        </style>
    </head>
    <body>
        <p class="first">文字阴影</p>
        <p class="second">text-shadow</p>
    </body>
</html>
```

例 2-16 定义了两段文本，分别对应两种样式。文字阴影效果如图 2.19 所示。

可以使用 text-shadow 属性给文字添加多个阴影，从而产生阴影叠加的效果。方法为：设置多组阴影参数，中间用逗号隔开。

例如为第二段落文本 p 添加多个阴影，代码如下：

```css
second{
    font-size:32px;
    text-shadow:10px 10px 10px green, 20px 20px 20px red;
        /*绿色和红色的投影叠加*/
}
```

执行该样式，得到图 2.20 所示的双重阴影效果。

图 2.19　文字阴影效果 1

图 2.20　文字阴影效果 2

11) text-overflow

text-overflow 属性用于标示对象内溢出的文本。其基本语法格式如下：

```
选择器{text-overflow: 属性值;}
```

上述语法中，text-overflow 属性常用取值有两个，如表 2.10 所示。

表 2.10　text-overflow 属性值

值	描　　述
clip	修剪溢出文本，不显示省略标记"…"
ellipsis	用省略号"…"来标示被修剪的文本，省略标记插入的位置是最后一个字符

【例 2-17】　设置文字溢出效果，代码如下：

```
<!DOCTYPE html>
<html>
    <head>
        <meta charset="UTF-8">
```

```
            <title>文字溢出效果</title>
            <style type="text/css">
            p{
                 width: 200px;
                 height: 80px;
                 border: 1px solid red;
                 white-space: nowrap;    /*强制文本不能换行*/
                 overflow: hidden;    /*修剪溢出文本*/
            }
                 .first{
                     text-overflow: ellipsis;    /*用省略号标示被修剪的文本*/
                 }
                 .second{
                     text-overflow: clip; /*用省略号标示被修剪的文本*/
                 }
            </style>
        </head>
        <body>
            <p class="first">这个段落 1 将向大家展示文字溢出效果，请关注。</p>
            <p class="second">这个段落 2 将向大家展示文字溢出效果，请关注。</p>
        </body>
    </html>
```

例 2-17 定义了两段文本，分别对应两种样式。文字溢出效果如图 2.21 所示。

图 2.21 文字溢出效果

通过图 2.21 可以看出，当文本内容溢出时，会以省略标记标示溢出文本。需要注意的是，要实现省略标记标示溢出文本的效果，"white-space: nowrap;" "overflow: hidden;" 和 "text-overflow: ellipsis;" 这三种样式必须同时使用，缺一不可。

总结例 2-17，可以得出设置省略标记标示溢出文本的具体步骤如下：

(1) 为包含文本的对象定义宽度；

(2) 应用"white-space: nowrap;"样式强制文本不能换行；

(3) 应用"overflow: hidden;"样式隐藏溢出文本；

(4) 应用"text-overflow: ellipsis;"样式显示省略标记。

四、CSS 高级特性

CSS 是层叠式样式表的简称，它有两大特性：层叠性和继承性。对于网页设计师来说，应该深刻理解和灵活运用这两个概念。

1. CSS 层叠性和继承性

1) 层叠性

所谓层叠性，就是指多个 CSS 样式的叠加。例如，如果使用内嵌式 CSS 样式表定义 <p>标记字号为 12 px，使用链入式样式表定义<p>标记颜色为红色，那么该段落文本将显示为 12 px 红色字体，即样式表产生了叠加。

【例 2-18】 设置 CSS 的层叠性，代码如下：

```
<!DOCTYPE html>
<html>
    <head>
        <meta charset="UTF-8">
        <title>CSS 的层叠性</title>
        <style type="text/css">
        p{
            font-size: 12px;
            font-family: "微软雅黑";
        }
            .one{
                font-size: 16px;
            }
            #two{
                color: red;
            }
        </style>
    </head>
    <body>
        <p class="one" id="two">这个段落 1 用来帮助大家理解 CSS 的层叠性，请关注。</p>
        <p>这个是段落 2，请关注。</p>
        <p>这个是段落 3，请关注。</p>
    </body>
</html>
```

例 2-18 定义了三段文本<p>，并通过标记选择器统一设置段落的字号和字体，然后通过类选择器.one 和 id 选择器#two 为第一个<p>标记单独定义字号和颜色。CSS 的层叠性效果如图 2.22 所示。

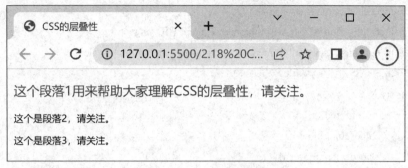

图 2.22 CSS 的层叠性效果

从图 2.22 中可以看出，段落 1 显示了标记选择器 p 定义的字体为"微软雅黑"，id 选择器#two 定义的颜色为"红色"，类选择器.one 定义的字号为 16 px，即这三个选择器定义的样式产生了叠加。

需要注意的是，标记选择器 p 和类选择器.one 都定义了段落文本 1 的字号，然而显示的结果却是类选择器.one 定义的 16 px，这是因为类选择器的优先级要高于标记选择器。这将在后续章节中详细介绍。

2) 继承性

所谓继承性，就是父元素的规则也会适用于子元素。比如，给 body 设置为 color:red，那么它内部的元素如果没有其他的规则设置，也都会变成红色。

DOM(文档对象模型)树如图 2.23 所示。

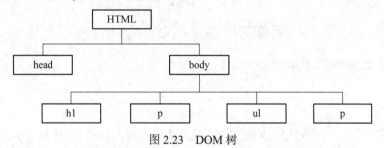

图 2.23 DOM 树

从图 2.23 中可以看出，HTML 是所有标记的祖先元素。在使用 CSS 对一个元素设置样式后，会对该元素以及它的子元素产生作用，比如 body 就是 HTML 的子元素。

在对任何一个元素设置属性以后，如果对 body 字体设置成蓝色，则后代字体都应该是蓝色，除非某一级进行了重新设置。但是，并非所有的 CSS 属性都可以继承，其中多数边框类属性，比如 Padding(补白)、Margin(边界)、背景和边框的属性都是不能继承的。

2. CSS 优先级

定义 CSS 样式时，经常出现两个或更多规则应用在同一元素上，这时就会出现优先级的问题。

【例 2-19】 使用 CSS 优先级，代码如下：

```
<!DOCTYPE html>
```

```
<html lang="en">
<head>
    <meta charset="UTF-8">
    <meta http-equiv="X-UA-Compatible" content="IE=edge">
    <meta name="viewport" content="width=device-width, initial-scale=1.0">
    <title>CSS 优先级</title>
    <style>
        p{color:red}
        .blue{color:blue}
        #header{color:green}
    </style>
</head>
<body>
    <p class="blue" id="header">文本的颜色到底是哪种颜色？</p>
</body>
</html>
```

从例 2-19 中可见，使用不同的选择器对同一个元素设置文本颜色，这时浏览器会根据选择器的优先级规则解析 CSS 样式。其实，CSS 为每一种基础选择器都分配了一个权重，其中标记选择器的权重为 1，类选择器的权重为 10，id 选择器的权重为 100。这样，id 选择器 #header 就具有最大的优先级。如图 2.24 所示，文本显示为绿色。

图 2.24　CSS 优先级效果

对于由多个基础选择器组成的复合选择器(并集选择器除外)，其权重为这些基础选择器权重的叠加。

【例 2-20】　设置 CSS 的层叠性，代码如下：

```
<!DOCTYPE html>
<html lang="en">
<head>
    <meta charset="UTF-8">
    <meta http-equiv="X-UA-Compatible" content="IE=edge">
    <meta name="viewport" content="width=device-width, initial-scale=1.0">
    <title>CSS 的层叠性</title>
    <style>
        p strong{ color:black}                    /*权重为:1+1*/
```

```
        strong.blue{ color:green;}                /*权重为:1+10*/
        .father strong{ color:yellow}             /*权重为:10+1*/
        p.father strong{ color:orange;}           /*权重为:1+10+1*/
        p.father .blue{ color:gold;}              /*权重为:1+10+10*/
        #header strong{ color:pink;}              /*权重为:100+1*/
        #header strong.blue{ color:red;}          /*权重为:100+1+10*/
    </style>
</head>
<body>
    <p class="father" id="header">
        <strong class="blue">文本的颜色</strong>
    </p>
</body>
</html>
```

上面的 CSS 代码分别对应不同的权重值。这里，页面文本将应用权重最高的样式，图 2.25 所示的文本颜色为红色。

图 2.25　CSS 的层叠性效果

另外，在考虑权重时，还需要注意一些特殊的情况，具体如下：

(1) 继承样式的权重为 0。也就是说，在嵌套结构中，不管父元素样式的权重有多大，被子元素继承时，它的权重都为 0，即子元素定义的样式会覆盖父样式。

【例 2-21】设置继承权重，代码如下：

```
<!DOCTYPE html>
<html lang="en">
<head>
    <meta charset="UTF-8">
    <meta http-equiv="X-UA-Compatible" content="IE=edge">
    <meta name="viewport" content="width=device-width, initial-scale=1.0">
    <title>继承权重</title>
    <style>
        strong{color:red;}
        #header{color:green;}
    </style>
</head>
```

```
<body>
    <p id="header">
        <strong>文本的颜色</strong>
    </p>
</body>
</html>
```

从上面的代码中可以看出，虽然#header 的权重为 100，但被 strong 继承时权重变为 0；虽然 strong 的权重为 1，但要高于#header。继承权重效果如图 2.26 所示，文本颜色呈红色。

图 2.26　继承权重效果

(2) 行内样式优先。应用 style 属性的元素，其行内样式的权重非常高，可以理解为远大于 100。总之，行内样式拥有比上面提到的选择器都大的优先级。

(3) 权重相同时，CSS 遵循就近原则。也就是说，靠近元素的样式具有最大的优先级，或者说排在最后的样式优先级最大。

【例 2-22】　就近原则的应用。

CSS 文档，文件名为 style.css，代码如下：

```
#header{color:red;}
```

HTML 文档，代码如下：

```
<!DOCTYPE html>
<html>
<head>
    <meta charset="UTF-8">
    <title>就近原则</title>
    <link rel="stylesheet" href="style.css" type="text/css" />
    <style type="text/css">
        #header {color: gray;}
        /*  内嵌样式表  */
    </style>
</head>
<body>
    <p id="header">注意观察文本颜色。</p>
</body>
</html>
```

上面的代码被解析后，发现段落文本因为内嵌样式表比外链式样式表更靠近元素，因此优先级更高。就近原则应用效果如图 2.27 所示，文本显示为灰色。

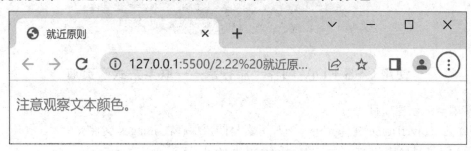

图 2.27 就近原则应用效果

倘若将内嵌样式#header { color: gray; }修改为 p{ color: gray; }，则因为权重不同，#header 比 p 权重更高，文本显示为红色。

(4) CSS 定义了一个!important 命令，该命令被赋予最大的优先级。若同时插入!important 命令，则再利用其他规则判断优先级。

【例 2-23】 插入!important 命令，代码如下：

```
/* HTML 代码部分 */
<div class="father">
    <p class="son"></p>
</div>
/* CSS 样式表部分*/
p {
    background: red !important;    /*被赋予最大优先级*/
}
.father .son {
    background: blue;
}
```

虽然代码中 .father .son 拥有更高的权值，但选择器 p 中的 background 属性被插入了!important，就拥有了最大的优先级。如图 2.28 所示，<p>的 background 为 red。需要说明的是，!important 命令必须位于属性值和分号之间，否则无效。

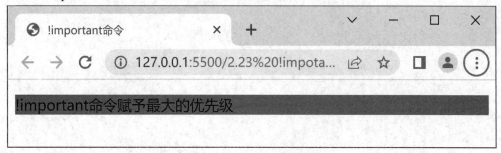

图 2.28 !important 命令应用效果

值得注意的是，复合选择器的权重为组成它的基础选择器权重的叠加，但是这种叠加并非简单的数字之和，需要在具体的开发过程中灵活运用。

使用 CSS + DIV 制作"旅行家——联系方式"页面

步骤一：创建项目。

(1) 在 TravelHome 文件夹中，将任务素材图片保存在 images 文件夹中。

(2) 创建 HTML 文件，命名为 information.html。

步骤二：布局页面。

(1) 修改 title 标签，将页面命名为"联系我们"。

(2) 在 body 标签中输入如下 HTML 代码：

```
<body>
    <img src="images/wx.jpg" align = "left" hspace="20" >
    <h3 class="iconfont">&#xe6a2; 公司地址</h3>
    <p>郑州旅行家科技有限公司</p>
    <p>河南省郑州市鑫苑路 xx 号 A 座  A007</p>
    <h3 class="iconfont">&#xe6c2; 咨询热线：400-0000-xxxx</h3>
</body>
```

步骤三：添加页面样式。

(1) 输入 CSS 代码，在<head>标签内、<title>标签后添加<style>标签。

(2) 在<style>标签内输入如下 CSS 代码：

```
<head>
    <meta charset="UTF-8">
    <title>关于我们</title>
    <style type="text/css">
        * {
            background-color: #333;
            color: #D3D3D3;
        }
        @font-face {
            font-family: 'iconfont';
            src:
                url('iconfont.ttf') format('truetype');
        }
        .iconfont {
            font-family: "iconfont";
        }
```

```
            img {
                    width: 150px;
            }
        </style>
    </head>
```

CSS3 选择器

本项目首先介绍了 CSS3 的发展史、CSS 样式规则、引入方式以及 CSS 基础选择器，然后讲解了常用的 CSS 文本样式属性、CSS 的层叠性、继承性以及优先级。通过本项目的学习，读者应该对 CSS3 有了一定的了解，能够充分理解 CSS 所实现的结构与表现的分离以及 CSS 样式的优先级规则，可以熟练地使用 CSS 控制页面中的字体和文本外观样式。

下面介绍 CSS3 中新增的多种选择器，即属性选择器、关系选择器、结构化伪类选择器、伪元素选择器和链接伪类，以便读者更轻松地控制网页元素。

1. 属性选择器

属性选择器可以根据元素的属性及属性值来选择元素，其主要作用就是对带有指定属性的 HTML 元素设置样式。使用 CSS3 属性选择器，可以只指定元素的某个属性，还可以同时指定元素的某个属性和其对应的属性值。

CSS3 的属性选择器如表 2.11 所示。

表 2.11　CSS3 的属性选择器

属性选择器	功 能 描 述
E[attr]	选取指定属性的元素，只使用属性名，但不确定任何属性值
E[att="value"]	选择匹配元素 E，且 E 元素定义了属性 att，其属性值是 value
E[att~="value"]	选取属性值中包含指定词汇的元素。指定属性名，并且具有属性值，此属性值是一个词列表，以空格隔开；其中词列表中包含了一个 value 词，而且等号前面的 "~" 不能不写
E[att|="value"]	选择匹配元素 E，且 E 元素定义了属性 att，其属性值是 value 或以 value 开头的任何字符串
E[att^="value"]	选择匹配元素 E，且 E 元素定义了属性 att，其属性值是以 value 开头的任何字符串
E[att$="value"]	选择匹配元素 E，且 E 元素定义了属性 att，其属性值是以 value 结尾的任何字符串
E[att*="value"]	选择匹配元素 E，且 E 元素定义了属性 att，其属性值的任意位置包含了子字符串 value

【例 2-24】 使用属性选择器，代码如下：

```
<!DOCTYPE html>
<head>
    <meta charset="UTF-8">
    <title>属性选择器</title>
    <style type="text/css">
        p[id^="one"]{color:pink;
        font-family: "微软雅黑";
        font-size: 20px;}
        p[id*="two"]{color:red;
        font-family: "隶书";
        font-size: 16px;}
        p[id$="three"]{color:green;
        font-weight: 700;
        font-size: 14;}
    </style>
</head>
    <body>
        <p id="one">第 1 段文字有关时间：一寸光阴一寸金，寸金难买寸光阴。</p>
        <p id="one1">第 1 段文字有关时间：不饱食以终日，不弃功于寸阴。</p>
        <p id="last-one">这是段落 1 最后一部分内容：少壮不努力，老大徒伤悲！</p>
        <p id="two">第 2 段文字有关读书：及时当勉励,岁月不待人！</p>
        <p id="last-two">第 2 段文字有关读书：立志宜思真品格，读书须尽苦功夫！</p>
        <p id="three1">第 3 段文字有关志向：志当存高远！</p>
        <p id="last-three">第 3 段文字有关志向：有志不在年高，无志空长百岁！</p>
    </body>
</head>
```

例 2-24 定义了七个段落标记<p>，共三部分文字内容分别有关时间、读书和志向。前三个<p>标记 id 属性均包含字符串"one"，第 4、第 5 个<p>标记 id 属性均包含字符串"two"，第 6、第 7 个<p>标记 id 属性均包含字符串"three"。样式表中分别用了属性选择器 E[att^="value"]、E[att*="value"]、E[att$="value"]。属性选择器效果如图 2.29 所示。

从图 2.29 中可以发现，由于 p[id^="one"]作用于带有 id 属性的<p>标记，且 id 属性值必须以字符串"one"开头，因此第 1、第 2 个<p>标记对应文字均呈粉色，且字体为"微软雅黑"、20 px；而第 3 个<p>标记，因为 id 属性值不以"one"开头而没有任何效果。由于 p[id*="two"]作用于带有 id 属性的<p>标记，且 id 属性值包含字符串"two"，因此第 4、第 5 个<p>标记对应文字均呈红色，且字体为"隶书"、16 px。由于 p[id$="three"]作用于带有 id 属性的<p>标记，且 id 属性值以字符串"three"结尾，因此第 6 个<p>标记没有效果，而第 7 个<p>标记对应文字均呈绿色，且字体加粗，字号为 14。

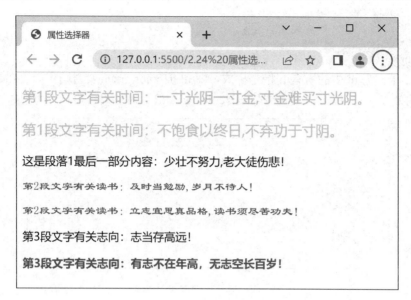

图 2.29　属性选择器效果

2. 关系选择器

CSS3 中的关系选择器主要有包含选择器、子代选择器、邻近选择器和兄弟选择器。

1) 包含选择器

包含选择器又叫后代选择器，即选择所有被 E 元素包含的 F 元素，中间用空格隔开。

【例 2-25】　使用后代选择器，代码如下：

```html
<!DOCTYPE html>
<html lang="en">
<head>
    <meta charset="UTF-8">
    <meta http-equiv="X-UA-Compatible" content="IE=edge">
    <meta name="viewport" content="width=device-width, initial-scale=1.0">
    <title>后代选择器</title>
    <style>
        ul li{color:green;}
    </style>
</head>
<body>
    <ul>
        <li>宝马</li>
        <li>奔驰</li>
    </ul>
    <ol>
        <li>奥迪</li>
```

```
        </ol>
    </body>
</html>
```

例 2-25 中，为 ul 中的所有 li 指定样式，即 ul li{color:green;}。执行该样式后，得到图 2.30 所示的效果。可见，包含选择器 ul li{color:green;}只对 ul 中的 li 产生效果。

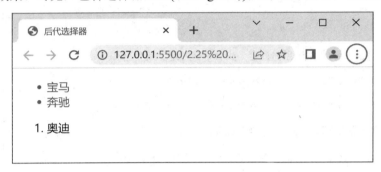

图 2.30　后代选择器应用效果

2) 子代选择器(>)

子代选择器主要用来选择某个元素的第一级子元素。例如，希望只为 h1 元素子元素的 strong 元素设置效果，可以这样写：h1 > strong。

【例 2-26】　使用子代选择器，代码如下：

```
<!DOCTYPE html>
<html>
    <head>
        <meta charset="UTF-8">
        <title>子代选择器</title>
        <style type="text/css">
        h1{font-size:16px;}
            h1>strong{
                color:red;
                font-size:20px;
                font-family: "微软雅黑";
            }
        </style>
    </head>
    <body>
        <h1>这首<strong>《赠汪伦》</strong>是李白非常<strong>经典</strong>的一首诗。</h1>
        <h1>下面将由<em><strong>王教授</strong></em>来为您讲解分析。</h1>
    </body>
</html>
```

例 2-26 中定义了两个<h1>标记，样式中为第 1 个<h1>标记中的一级子元素<strong>定义了红色、微软雅黑的强调效果，因此文中"《赠汪伦》"和"经典"均呈现了相应的文字强调效果；而第 2 个<h1>标记中的<strong>是二级子标记，因此"王教授"只出现普通的斜体效果。子代选择器应用效果如图 2.31 所示。

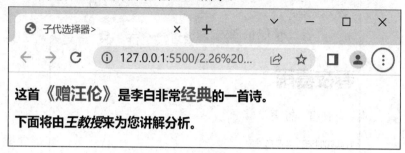

图 2.31　子代选择器应用效果

3) 相邻选择器(+)

相邻选择器使用加号"+"来链接前后两个选择器。选择器中的两个元素有同一个父亲，而且第二个元素必须紧跟第一个元素。

【例 2-27】　使用相邻选择器，代码如下：

```html
<!DOCTYPE html>
<html>
    <head>
        <meta charset="UTF-8">
        <title>相邻选择器</title>
        <style type="text/css">
            h1+p{        /*相邻选择器*/
                color:red;
                font-size:20px;
                font-family: "微软雅黑";
            }
        </style>
    </head>
    <body>
        <h1>春夜喜雨</h1>
        <p>      作者：杜甫</p>
        <p>好雨知时节，当春乃发生。</p>
        <p>随风潜入夜，润物细无声。</p>
        <p>野径云俱黑，江船火独明。</p>
        <p>晓看红湿处，花重锦官城。</p>
    </body>
</html>
```

例 2-27 在网页中展示了杜甫的一首诗《春夜喜雨》，该诗中除了标题之外，其余全是段落标记<p>；样式表中使用了相邻选择器 h1+p{}，该段样式将作用于 h1 之后紧跟着的第一个段落标记<p>，效果如图 2.32 所示。

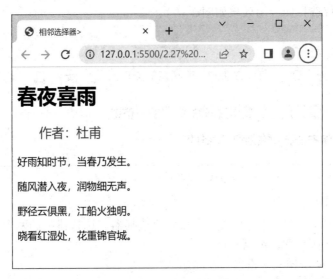

图 2.32　相邻选择器应用效果

4) 兄弟选择器(~)

兄弟选择器使用 "~" 来连接前后两个选择器。选择器中的两个元素有同一个父亲，但第二个元素不必紧跟第一个元素。

将例 2-27 中的 h1+p{}改为 h1~p{}，则得到图 2.33 所示的效果。

图 2.33　兄弟选择器应用效果

3. 结构化伪类选择器

结构化伪类选择器是 CSS3 中新增加的选择器。常用的结构化伪类选择器有:root 选择器、:not 选择器、:only-child 选择器、:first-child 和:last-child 选择器、:nth-child(n)

和:nth-last-child(n)选择器、:nth-of-type(n)和:nth-last-of-type(n)选择器、:empty 选择器、:target 选择器。

1）:root 选择器

:root 选择器用于匹配文档根元素，在 HTML 中，根元素始终是 html 元素。也就是说，使用":root 选择器"定义的样式，对所有页面元素都生效。对于不需要该样式的元素，可以单独设置样式进行覆盖。

【例 2-28】　使用 :root 选择器，代码如下：

```html
<!DOCTYPE html>
<html>
<head>
    <meta charset="UTF-8">
    <title>:root 选择器</title>
    <style type="text/css">
        :root{color:red;}
        h1{color:blue;}    /*覆盖父样式*/
    </style>
</head>
<body>
    <h1>《背影》</h1>
    <p>《背影》是现代作家朱自清于 1925 年所写的一篇回忆性散文。作者用朴素的文字，把
父亲对儿女的爱，表达得深刻细腻、真挚感动，从平凡的事件中，呈现出父亲的关怀和爱护。
    </p>
</body>
</html>
```

例 2-28 中，样式表中使用":root选择器"将页面中所有的文本设置为红色，而 h1{color:blue;}
用于将 h1 元素设置为蓝色文本，以覆盖:root 选择器中设置的红色文本，效果如图 2.34 所示。

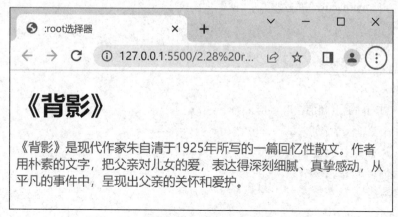

图 2.34　:root 选择器应用效果 1

例 2-28 中，如果去掉样式表中 h1{color:blue;}，效果如图 2.35 所示。

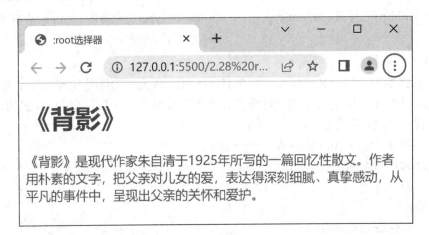

图 2.35　:root 选择器应用效果 2

2) :not 选择器

如果对某个结构元素使用样式，但是想排除这个结构元素下面的子结构元素，让它不使用这个样式，则可以使用 :not 选择器。

【例 2-29】 :not 选择器的应用，代码如下：

```
<!DOCTYPE html>
<html>
<head>
    <meta charset="UTF-8">
    <title>:not 选择器的应用</title>
    <style type="text/css">
      body *:not(h1)
      {
            color:red;
            font-size: 15px;
            font-family: "微软雅黑";
      }
    </style>
</head>
<body>
    <h1>:not 选择器的应用 </h1>
    <p>第 1 段文字的效果。</p>
    <p>第 2 段文字的效果。</p>
    <p>第 3 段文字的效果。</p>
</body>
</html>
```

例 2-29 中，样式表中使用 ":not 选择器" 将 body 中除了<h1>标记之外所有的文本设置为红色，效果如图 2.36 所示。

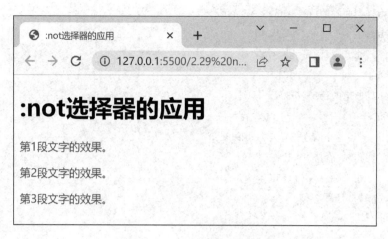

图 2.36　:not 选择器应用效果

3) :only-child 选择器

:only-child 选择器用于匹配属于某父元素的唯一子元素的元素。也就是说，如果某个父元素仅有一个子元素，则可以使用":only-child 选择器"来选择这个子元素。

【例 2-30】　关于:only-child 选择器的用法，代码如下：

```html
<!DOCTYPE html>
<html>
<head>
    <meta charset="UTF-8">
    <title>:only-child 选择器的用法</title>
    <style type="text/css">
    li:only-child
      {
          color:red;
          font-size: 15px;
          font-family: "微软雅黑";
      }
    </style>
</head>
<body>
    <p>:only-child 选择器的用法 </p>
    <h3>李白的诗：</h3>
    <ul>
        <li>《望庐山瀑布》</li>
        <li>《行路难》</li>
        <li>《蜀道难》</li>
    </ul>
```

```
            <h3>李商隐的诗：</h3>
            <ul>
                <li>《夜雨寄北》</li>
            </ul>
            <h3>杜甫的诗：</h3>
            <ul>
                <li>《江南逢李龟年》</li>
                <li>《春望》</li>
                <li>《石壕吏》</li>
            </ul>
        </body>
        </html>
```

例 2-30 中，样式表中使用 :only-child 选择器 "li:only-child"，将 ul 中唯一子元素的 li 对应的文本设置为红色，效果如图 2.37 所示。

图 2.37　:only-child 选择器应用效果

4) :first-child 和:last-child 选择器

:first-child 选择器和 :last-child 选择器分别用于为父元素中的第一个或者最后一个子元素设置样式。

【例 2-31】 关于 :first-child 和 :last-child 选择器的用法，代码如下：

```
<!DOCTYPE html>
<html>
<head>
    <meta charset="UTF-8">
```

```
    <title>:first-child 和:last-child 选择器的用法</title>
    <style type="text/css">
     p:first-child
     {
         color:red;
         font-size: 15px;
         font-family: "微软雅黑";
     }
     p:last-child
     {
         color:blue;
         font-size: 13px;
         font-family: "隶书";
     }
    </style>
</head>
<body>
    <!-- <h3>:first-child 和:last-child 选择器的用法</h3> -->
    <p>第 1 段文字的效果，使用:first-child 样式。</p>
    <p>第 2 段文字的效果。</p>
    <p>第 3 段文字的效果。</p>
    <p>第 4 段文字的效果，使用:last-child 样式。</p>
     <!-- <h3>演示完毕！</h3>   -->
</body>
</html>
```

　　例 2-31 中，样式表中使用 :first-child 选择器 "p:first-child"，将其父元素中的第 1 个子元素<p>设置为红色；使用 :last-child 选择器 "p:last-child"，将其父元素中的最后一个子元素<p>设置为蓝色。:first-child 和 :last-child 选择器应用效果如图 2.38 所示。

图 2.38　:first-child 和:last-child 选择器应用效果 1

　　需要注意的是，在例 2-31 中使用"p:first-child"和"p:last-child 选择器"时，若父元素 body 中的第 1 个子元素不是\<p\>，则"p:first-child"不起作用；同样地，如果最后一个子元素不是\<p\>，则"p:last-child"不起作用；若将四个\<p\>标记上下两个注释符号去掉，则对应效果如图 2.39 所示。

图 2.39　:first-child 和:last-child 选择器应用效果 2

5) :nth-child(n)和 :nth-last-child(n)选择器

　　要使用 :first-child 选择器和 :last-child 选择器，可以选择某个父元素中第 1 个或最后一个子元素，但是如果用户想要选择第 2 个或倒数第 2 个子元素，这两个选择器就不起作用了。为此，CSS3 引入了 :nth-child(n)和 :nth-last-child(n)选择器，它们是 :first-child 选择器和 :last-child 选择器的扩展。

　　【例 2-32】 关于:nth-child(n)和:nth-last-child(n)选择器的用法，代码如下：

```
<!DOCTYPE html>
<html>
<head>
    <meta charset="UTF-8">
    <title>:nth-child(n)和:nth-last-child(n)选择器的用法</title>
    <style type="text/css">
    p:nth-child(2)
    {
        color:red;
        font-size: 15px;
        font-family: "微软雅黑";
    }
    p:nth-last-child(2)
    {
        color:blue;
```

```
                font-size: 13px;
                font-family: "隶书";
            }
        </style>
    </head>
    <body>
     <!-- <h3>:nth-child(n)和:nth-last-child(n)选择器的用法</h3> -->
        <p>第 1 段文字的效果。</p>
        <p>第 2 段文字的效果。</p>
        <p>第 3 段文字的效果。</p>
        <p>第 4 段文字的效果。</p>
    <p>第 5 段文字的效果。</p>
    <!-- <h3>演示完毕！</h3>    -->
    </body>
    </html>
```

例 2-32 中，样式表中使用选择器"p:nth-child(2)"和"p:nth-last-child(2)"，将父元素 body 中的第 2 个子元素<p>和倒数第 2 个子元素<p>设置成特殊的文字，效果如图 2.40 所示。

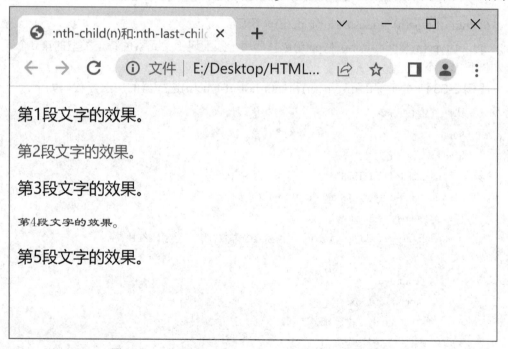

图 2.40　:nth-child(n)和:nth-last-child(n)选择器应用效果 1

需要注意的是，在例 2-32 中使用"p:nth-child(2)"和"p:nth-last-child(2)"选择器时，若父元素 body 中的第 2 个子元素不是<p>，则"p:nth-child(2)"不起作用；同样地，如果倒数第 2 个子元素不是<p>，则"p:nth-last-child(2)"也不起作用；若将五个<p>标记上下两个注释符号去掉，则对应效果如图 2.41 所示。

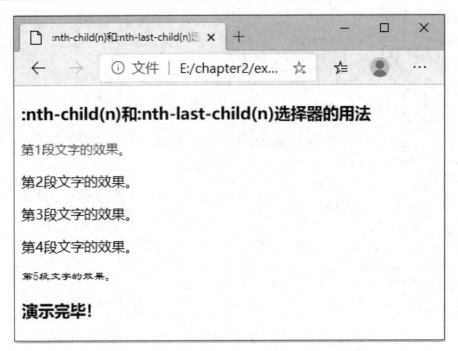

图 2.41　:nth-child(n)和:nth-last-child(n)选择器应用效果 2

6) :nth-of-type(n)和:nth-last-of-type(n)选择器

:nth-of-type(n)和 :nth-last-of-type(n)选择器用于匹配属于父元素的特定类型的第 n 个子元素和倒数第 n 个子元素。

【例 2-33】　关于 :nth-of-type(n)和 :nth-last-of-type(n)选择器的用法，代码如下：

```
<!DOCTYPE html>
<html>
<head>
    <meta charset="UTF-8">
    <title>:nth-of-type(n)和:nth-last-of-type(n)选择器的用法</title>
    <style type="text/css">
    p:nth-of-type(odd)        /*所有<p>标记中奇数行文字设置成红色*/
    {
        color:red;
        font-size: 15px;
        font-family: "微软雅黑";
    }
    p:nth-of-type(even)        /*所有<p>标记中偶数行文字设置成蓝色*/
    {
        color:blue;
        font-size: 13px;
        font-family: "隶书";
```

```
        }
        h3:nth-of-type(2){color:green;}    /*将文中第 2 个 h3 标记文字设置成绿色*/
    </style>
</head>
<body>
    <h3>:nth-of-type(n)和:nth-last-of-type(n)选择器的用法</h3>
    <p>第 1 段文字的效果。</p>
    <p>第 2 段文字的效果。</p>
    <p>第 3 段文字的效果。</p>
    <p>第 4 段文字的效果。</p>
    <p>第 5 段文字的效果。</p>
    <h3>演示完毕！</h3>
</body>
</html>
```

例 2-33 中，样式表中使用:nth-of-type(n)选择器"p:nth-of-type(odd)"，将所有<p>标记中奇数行文字设置成红色；使用"p:nth-of-type(even)"，将所有<p>标记中偶数行文字设置成蓝色；接着又采用 :nth-last-of-type(n)选择器"h3:nth-of-type(2){color:green;}"，将文中第 2个 h3 标记文字设置成绿色。:nth-of-type(n)和 :nth-last-of-type(n)选择器应用效果如图 2.42所示。

图 2.42 :nth-of-type(n)和:nth-last-of-type(n)选择器应用效果

7）:empty 选择器

:empty 选择器用来选择没有子元素或文本内容为空的所有元素。

【例 2-34】 关于:empty 选择器的用法，代码如下：

```
<!DOCTYPE html>
<html>
```

```
<head>
    <meta charset="UTF-8">
    <title>:empty 选择器的用法</title>
    <style type="text/css">
     p{width: 150px;
     height: 40px;}
     :empty{background: greenyellow;}
    </style>
</head>
<body>
    <h3>:empty 用法</h3>
    <p>第 1 段文字的效果。</p>
    <p>第 2 段文字的效果。</p>
    <p></p>
    <p>第 4 段文字的效果。</p>
</body>
</html>
```

例 2-34 中，页面中定义了四个<p>标记，其中倒数第 2 个为空元素；样式表中定义了 p 的宽和高，代码中利用 :empty 选择器指定了空标记的背景色，效果如图 2.43 所示。

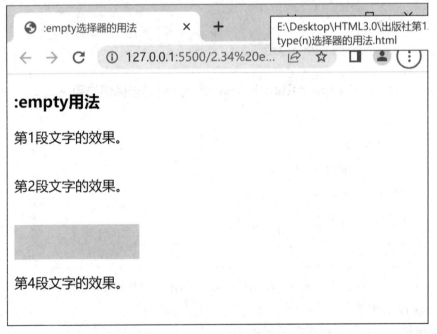

图 2.43　:empty 选择器应用效果

8) :target 选择器

:target 选择器用于为页面中的某个 target 元素(该元素的 id 被当作页面中的超链接来使

用)指定样式。只有用户单击了页面中的超链接，并且跳转到 target 元素后，:target 选择器所设置的样式才会起作用。

【例 2-35】　关于 :target 选择器的用法，代码如下：

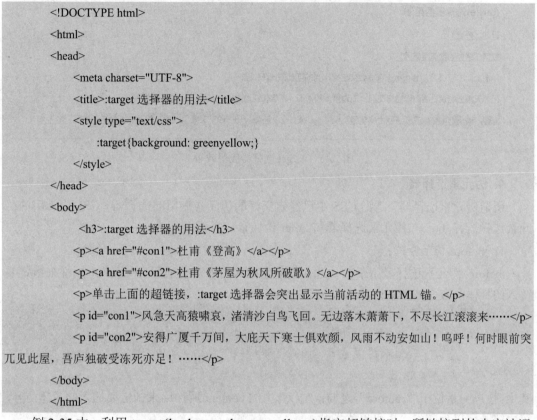

```
<!DOCTYPE html>
<html>
<head>
    <meta charset="UTF-8">
    <title>:target 选择器的用法</title>
    <style type="text/css">
        :target{background: greenyellow;}
    </style>
</head>
<body>
    <h3>:target 选择器的用法</h3>
    <p><a href="#con1">杜甫《登高》</a></p>
    <p><a href="#con2">杜甫《茅屋为秋风所破歌》</a></p>
    <p>单击上面的超链接，:target 选择器会突出显示当前活动的 HTML 锚。</p>
    <p id="con1">风急天高猿啸哀，渚清沙白鸟飞回。无边落木萧萧下，不尽长江滚滚来……</p>
    <p id="con2">安得广厦千万间，大庇天下寒士俱欢颜，风雨不动安如山！呜呼！何时眼前突
兀见此屋，吾庐独破受冻死亦足！……</p>
</body>
</html>
```

例 2-35 中，利用:target{background: greenyellow;}指定超链接时，所链接到的内容被添加背景颜色效果。单击超链接之前效果如图 2.44 所示；单击超链接"杜甫《茅屋为秋风所破歌》"，页面则显示图 2.45 所示的效果。

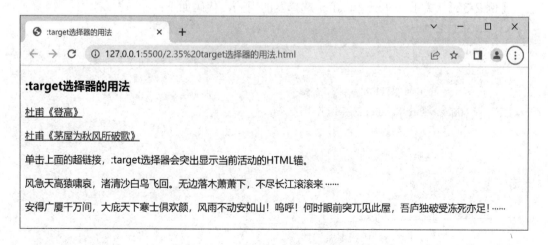

图 2.44　:target 选择器应用效果 1

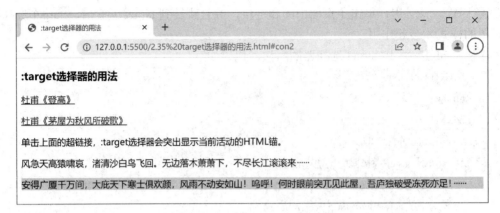

图 2.45　:target 选择器应用效果 2

4. 伪元素选择器

所谓伪元素选择器，是指 CSS 中已经定义好的伪元素使用的选择器。CSS 中常用的伪元素选择器有 :before 伪元素选择器和 :after 伪元素选择器。

1) :before 伪元素选择器

:before 伪元素选择器用于在被选元素前面插入内容，必须配合 content 属性来指定要插入的具体内容。其基本语法格式如下：

```
<元素>:before
{
    content:文字/url();
}
```

其中：被选元素位于 ":before" 之前；"{ }" 中的 content 属性用来指定要插入的具体内容，该内容既可以为文本，也可以为图片。

2) :after 伪元素选择器

:after 伪元素选择器用于在某个元素之后插入一些内容，使用方法与:before 选择器相同。

【例 2-36】　关于 :before 和 :after 选择器的用法，代码如下：

```
<!DOCTYPE html>
<html>
<head>
    <meta charset="UTF-8">
    <title>:before 和 :after 选择器的用法</title>
    <style type="text/css">
        p:before{
            content: "《登高》";
            color: red;
            font-size: 20px;
            font-family: "微软雅黑";
            font-weight: bold;
```

```
            }
        p::after{content: "作者：杜甫";
            color: green;
            font-size: 20px;
            font-family: "隶书";
            font-weight: bold;
            }
        </style>
    </head>
    <body>
        <h3>:before 和:after 选择器的用法</h3>
        <p>风急天高猿啸哀，渚清沙白鸟飞回。无边落木萧萧下，不尽长江滚滚来……</p>
    </body>
    </html>
```

例 2-36 中，利用 p:before 选择器为页面中的<p>标记增加红色加粗"微软雅黑"字体效果的"《登高》"题名，利用 p:after 选择器为页面中的<p>标记增加绿色加粗"隶书"字体效果的"杜甫"作者信息，页面显示图 2.46 所示的效果。

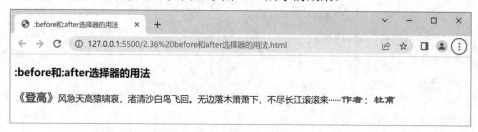

图 2.46 :before 和:after 选择器应用效果

5. 链接伪类

定义超链接时，为了提高用户体验，经常需要为超链接指定不同的状态，使得超链接在单击前、单击后和鼠标悬停时的样式不同。在 CSS 中，通过链接伪类可以实现不同的链接状态。所谓伪类，并非真正意义上的类，它的名称是由系统定义的，通常由标记名、类名或 id 名加":"构成。超链接标记<a>的伪类有四种，具体如表 2.12 所示。

表 2.12 超链接标记<a>的伪类

种 类	含 义
a:link{ CSS 样式规则; }	未访问时超链接的状态
a:visited{ CSS 样式规则; }	访问后超链接的状态
a:hover{ CSS 样式规则; }	鼠标经过、悬停时超链接的状态
a:active{ CSS 样式规则; }	鼠标单击不动时超链接的状态

【例 2-37】 使用链接伪类，代码如下：

```
<!DOCTYPE html>
```

```html
<html>
<head>
    <meta charset="UTF-8">
    <title>链接伪类</title>
    <style type="text/css">
        a:link, a:visited{              /*未访问和访问之后的效果*/
            color:green;
            text-decoration: none;      /*清除超链接默认的下划线*/
        }
        a:hover{color:blue;             /*鼠标悬停，文字呈蓝色*/
        text-decoration: underline;}    /*鼠标悬停时出现下划线*/
        a:active{color:red;}            /*鼠标单击不动，文字呈现红色*/
    </style>
</head>
<body>
    <a href="#">公司首页</a>
    <a href="#">公司荣誉</a>
    <a href="#">产品介绍</a>
    <a href="#">联系我们</a>
</body>
</html>
```

例 2-37 中，利用 a:link, a:visited 设置未访问和访问之后的效果，即绿色、不带下划线，页面显示图 2.47 所示的效果。

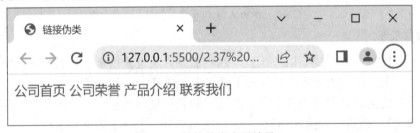

图 2.47　链接伪类应用效果 1

例 2-37 中，利用 a:hover 设置超链接的鼠标悬停效果，如图 2.48 所示。鼠标放在导航"公司荣誉"上时，文字呈蓝色且加下划线效果。

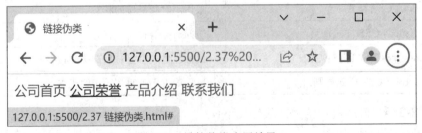

图 2.48　链接伪类应用效果 2

例 2-37 中，利用 a:active 设置超链接的鼠标单击效果，如图 2.49 所示。用鼠标单击导航"公司荣誉"时，文字呈红色。

图 2.49　链接伪类应用效果 3

制作"GL 美拍"网站——"底部模块–联系方式"CSS 效果

依据前面所讲知识，制作的"GL 美拍"网站——"底部模块–联系方式"CSS 效果如图 2.50 所示。

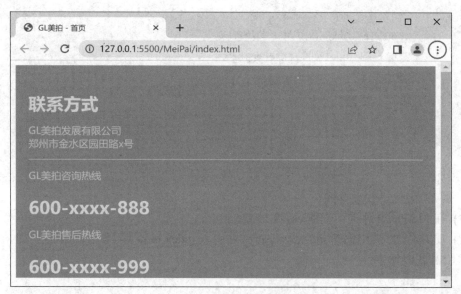

图 2.50　"底部模块–联系方式"CSS 效果

制作步骤如下：

步骤 1：修改 HTML 结构文档。

(1) 在 MeiPai 文件夹中打开 index.html 文件。

(2) 为了最后整合项目结构方便，对 index.html 文件的基本文档结构外包裹两个<div>标记，然后在相应的标记里添加类名。其代码如下：

```
<!DOCTYPE html>
```

```html
<html lang="zh-CN">
<head>
  <meta charset="UTF-8">
  <meta http-equiv="X-UA-Compatible" content="IE=edge">
  <title>GL 美拍 - 首页</title>
  <!-- 引入自身的 css 文件 index.css -->
  <link rel="stylesheet" href="css/index.css">
</head>
<body>
  <!-- 12 底部模块 start -->
  <div class="footer">
    <div class="footer-in">
      <!-- 12.2 联系方式 -->
      <div class="about">
        <h2 class="title">联系方式</h2>
        <div class="text">GL 美拍发展有限公司</div>
        <div class="text line">郑州市金水区园田路 x 号</div>
        <div class="text mt-10">GL 美拍咨询热线</div>
        <h2 class="title">600-xxxx-888</h2>
        <div class="text mt-10">GL 美拍售后热线</div>
        <h2 class="title">600-xxxx-999</h2>
      </div>
    </div>
  </div>
  <!-- 12 底部模块 end -->
</body>
</html>
```

步骤 2：美化"联系方式"。

(1) 在 MeiPai 文件夹中创建 css 文件夹。

(2) 在 css 文件夹中创建 index.css 文件，并引入 index.html 里。参考"步骤 1"的 HTML 代码，CSS 代码如下：

```css
/* 12.2 联系方式 */
/* 以下选择器均是后代选择器 */
.footer-in .about {
  /* 背景颜色 */
  background-color: #0ab4cb;
  /*
     在项目 4 会给大家讲到这个，内边距：盒子的内容与边界的距离。
     第一个 20px：表示内容与上边界的距离；
     第二个 20px：表示内容与左右边界的距离
```

```
        */
        padding: 20px 20px 0;
        flex: 2; /* 需要添加此处代码 */
    }
    .footer-in .about .title {
        font-size: 28px;
        text-align: left;
        /* 在项目 4 会给大家讲到这个，外边距：盒子与盒子之间的距离。在此是下外边距*/
        margin-bottom: 15px;
        /*字体颜色 RGBA 分别表示红、绿、蓝三色，如果都是 255，则是白色。最后一个是透明度，
即白色的 0.8 透明*/
        color: rgba(255, 255, 255, 0.8);
    }
    .footer-in .about .text {
        color: rgba(255, 255, 255, 0.6);
    }
    .footer-in .about .line {
        /* 下内边距 */
        padding-bottom: 15px;
        /* 边框线下底边框：高度 1px、实线、颜色 */
        border-bottom: 1px solid rgba(255, 255, 255, 0.6);
        /* 下外边距 */
        margin-bottom: 15px;
    }
    .footer-in .about .mt-10 {
        /* 下外边距 */
        margin-bottom: 10px;
    }
```

说明：

在以上代码中，必须理解 HTML 结构的包含关系，才能更好地理解后代选择器的作用。可能有些样式还没有学到，但基本的概念应该是可以理解的；而且以上代码添加了注释，有利于理解代码的含义。

项目 3

图像与多媒体的应用——制作精彩的网页

学习目标

❖ **知识目标**

• 了解网页中常见的多媒体格式。
• 了解浏览器对多媒体文件的支持情况。
• 掌握<audio>标签、<video>标签的使用方法。
• 掌握<audio>标签、<video>标签的属性。

❖ **能力目标**

• 能够在网页中插入多媒体对象。
• 能够控制多媒体对象的显示效果。

项目导入

"旅行家——欢迎"页面效果展示

为了使网页更加生动，可以在页面中加入多媒体元素，例如图像、音频及视频等。本项目将使用 HTML5 中的多媒体标签，为网站首页——欢迎页面添加背景音乐。完成效果如图 3.1 所示。

图 3.1 "旅行家——欢迎"页面

　　为了增强网页的趣味性、多元性，页面对图像、音频及视频的显示支持是极其重要的。多媒体元素的加入，让网页内容更加形象、生动。HTML5 出现以前，音频、视频的展示需要借助第三方播放器，比如 Flash 在浏览器中的插件。随着 HTML5 的诞生，网页多媒体的播放摆脱了插件的局限性，可以直接利用 HTML5 的相关技术进行播放。

一、网页中常见的多媒体格式(音频、视频)

　　随着技术的发展，现代浏览器支持多种多媒体格式，多媒体文件的内容也呈现出多样性的特点，可以是视觉内容也可以是听觉内容，不仅仅是文字、图片，还包括了音乐、音效、录音、电影、动画等。在因特网上，嵌入网页中的多媒体元素为网页的展示效果增添了活力。

1．网页中常见的音频格式

　　打开一个网站，自动播放的背景音乐能够让用户看到页面信息的同时，在听觉上也得到享受，以此达到进一步传达网站氛围的效果，使用户沉浸其中，得到更加丰富、多重的体验。

　　网页中常见的音频格式有以下几种。

　　1) MP3 格式

　　MP3 格式是一种采用有损压缩的音频文件格式，其压缩率可达到 1:10。MP3 格式具有文件体积小、音质较好等优势，已成为网络上常用的音频文件格式。

　　2) WMA 格式

　　WMA 格式是微软公司力推的一种音频文件格式，其压缩率可达 1:18，音质与 MP3 格式的文件相似，因此也是一种文件体积小、音质不错的音频格式。

　　3) OGG 格式

　　OGG 格式是一种先进的音频压缩格式，与 MP3 一样也是一种有损压缩格式，但质量损失较少，音质与 MP3 格式的文件不相上下；同时具有支持多声道、可以不断改良文件大小和音质的特点。

2．网页中常见的视频格式

　　网页中常见的视频格式有以下几种。

　　1) MP4 格式

　　MP4 格式是为了播放流式媒体的高质量视频而专门设计的，它通过视频压缩技术传输数据，使用最少的数据获得最佳的图像质量。

　　2) AVI 格式

　　AVI(Audio Video Interleaved)是 Windows 操作系统中使用的视频文件格式。它的优点是兼容性好、图像质量好、调用方便，缺点是文件尺寸较大。

3) FLV 格式

FLV(Flash Video)流媒体格式形成的文件极小、加载速度极快。FLV 视频格式具有占有率低、视频质量良好、体积小等特点，非常适合网络发展。

4) MOV 格式

MOV 格式是苹果公司创立的一种视频格式,初始阶段只能支持 MAC 电脑的 IOS 系统,目前可支持 Windows 平台，其画质清晰，是一种优良的视频编码格式。

5) MKV 格式

MKV 格式是一种常见的视频格式,MKV 格式的文件中可以包含音频和字幕,用 MKV封装后的视频所占存储空间小于 AVI 源文件。但是，由于 MKV 格式是民间格式，没有版权限制，因此官方发布的视频影片都不采用此格式。

6) WebM 格式

WebM 格式是由谷歌公司提出的开放、免费的媒体文件格式，它包括 VP8 影片轨和OGG Vorbis 音轨。

二、音频标签及其属性

1. 音频文件的嵌入

HTML5 支持网页播放音频的功能。目前，HTML5 支持三种文件格式：MP3、WMA、OGG。不同的浏览器对音频文件的支持不同，具体如表 3.1 所示。

表 3.1　浏览器支持音频情况

浏览器	MP3	WMA	OGG
Internet Explorer	支持	不支持	不支持
Chrome	支持	支持	支持
Firefox	支持	支持	支持
Safari	支持	支持	不支持
Opera	支持	支持	支持

利用<audio>音频标签可以在网页中嵌入音频文件,在网页中进行加载和播放。<audio>标签的基本语法格式如下：

```
<audio src="音频地址">...</audio>
```

其中：src 属性值为音频文件的地址，可以是绝对地址或相对地址；一对<audio >...</audio>标签内可编辑文字，作用是在不支持<audio>标签的浏览器中显示文字替代音频播放器。

2. <audio>标签的属性

在实际应用中，常需要对播放器进行更加细致的设置，而定义标签内的属性可以满足这一需求，实现更加丰富的效果。常用的<audio>标签属性如下：

(1) 播放控件。在<audio>标签中定义 controls 属性，可在网页中显示浏览器自带的播放器控件；若无设置，则隐藏播放器。controls 属性的基本语法格式如下：

```
<audio src="音频地址" controls="controls">...</audio>
```

（2）自动播放。在网页的实际应用中，有时需要在打开网页的同时播放音频，为满足这一需求，可在\<audio\>标签中定义 autoplay 属性。若设置属性为 autoplay="autoplay" 或 autoplay="ture"，则音频在网页加载完成后马上播放；若无设置，则需通过播放器控件的开始按钮手动播放音频。autoplay 属性的基本语法格式如下：

```
<audio src="音频地址" autoplay="autoplay">...</audio>
```

注意： 由于自动播放可能会出现伤害听力等问题，因此大多数浏览器已禁用该功能。

（3）循环播放。loop 属性用于定义是否循环播放音频。若设置属性为 loop="loop"或 loop="true"，则音频循环播放。loop 属性的基本语法格式如下：

```
<audio src="音频地址" autoplay="autoplay" loop="loop">...</audio>
```

【例 3-1】 在网页中播放音频文件，并设置为循环播放，代码如下：

```
<!DOCTYPE html>
<html >
<head>
<meta charset="UTF-8" >
<title>循环播放音频文件</title>
</head>

<body>
    <h2>循环播放音频文件</h2>
    <hr />
<audio id="audio1" src="../media/music.mp3" controls loop>您的浏览器不支持 audio 文件的播放</audio>
</body>
</html>
```

循环播放音频文件效果如图 3.2 所示，音频内容会重复播放。注意，controls、autoplay 和 loop 属性在使用时可以简写，省去属性值。

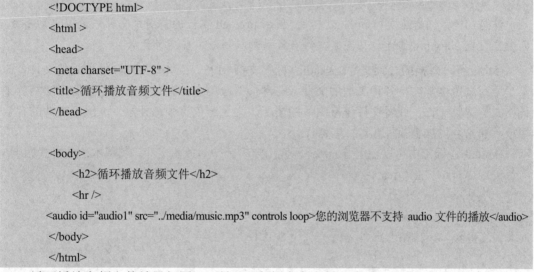
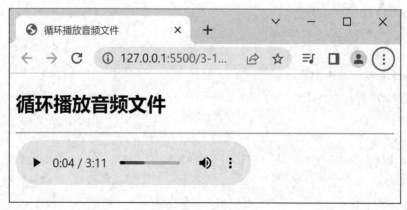

图 3.2　循环播放音频文件效果

（4）预加载音频数据。HTML5 提供了 preload 属性用于设置音频数据是否进行预加载，即在页面加载后音频播放前，浏览器对音频数据先进行缓冲，以加快播放速度，从而提高页面的加载速度。preload 属性有三个属性值，分别是 auto、metadata 及 none，其中默认值为 auto。

auto：需要马上加载音频并进行流式播放。auto 常用于游戏中需要实时音频的场景。

metadata：不马上加载音频，只预先加载音频的元数据信息(比如文件字节数、持续时长第一帧和播放列表等)。如果开发者是在设计音频播放器或者需要获得音频的信息而不需要马上播放视频，则可以使用这个选项。

none：不需要对音频进行预先加载，这样可以减少网络流量。在一个具备播客功能的语音播客中，每一篇文章都有音频，只有当用户确认打开这些音频收听时，才通过网络进行加载；否则，多个音频同时进行预加载，会减慢网页的加载速度。

preload 属性的基本语法格式如下：

```
<audio src="音频地址" preload="auto">...</audio>
```

注意：IE 浏览器不支持 preload 属性。使用 preload 属性的前提是文件未设置自动播放。因为在设置 autoplay 属性后，音频文件会自动加载播放，此属性无效。

(5) 设置可替换的音频文件。<audio>标签支持 MP3、WMA、OGG 等格式的文件，但不是所有浏览器都支持各种类型的文件。在网页的应用中，有时会遇到浏览器无法播放某种格式的音频文件，或者文件链接失效的情况，为了避免这种意外发生，保证文件的有效播放，通常会增加替换视频源或音频源。

在<audio>标签中可以使用<source>标签指定多个待播放的文件。其基本语法格式如下：

```
<audio src="音频地址 1">
<source src="音频地址 2">
<source src="音频地址 3">
<source src="音频地址 4">
    ⋮
</audio>
```

【例 3-2】　在网页中播放音频文件，并设置其备用文件，代码如下：

```
<!DOCTYPE html>
<html >
<head>
<meta charset="UTF-8" >
<title>使用&lt；source&gt；标签播放音频文件</title>
</head>
<body>
    <h2>使用&lt；source&gt；标签播放音频文件</h2>
    <hr />
<audio id="audio1" src="../media/music.mp3" controls >
<source src="media/music.wav">
<source src="media/music.ogg">
```

```
    </audio>
    </body>
    </html>
```

使用<source>标签播放音频文件的效果如图 3.3 所示。

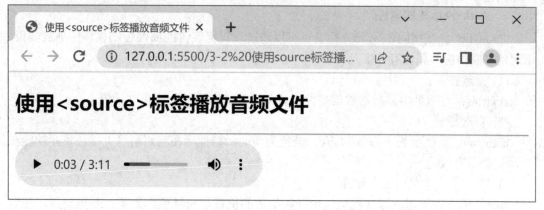

图 3.3　使用<source>标签播放音频文件的效果

三、视频标签及其属性

1. 视频文件的嵌入

在 HTML 中可以使用<video>标签定义视频，比如电影片段或其他视频流。<video>标签支持三种视频格式，即 MP4、WebM、OGG，具体如表 3.2 所示。

表 3.2　浏览器支持视频情况

浏 览 器	视 频 格 式		
	MP4	WebM	OGG
Internet Explorer	支持	不支持	不支持
Chrome	支持	支持	支持
Firefox	支持	支持	支持
Safari	支持	不支持	不支持
Opera	支持	支持	支持

其中，MP4、WebM、OGG 皆为封装格式。

MP4 文件：使用 H264 视频编解码器和 AAC 音频编解码器。

WebM 文件：使用 VP8 视频编解码器和 Vorbis 音频编解码器。

OGG 文件：使用 Theora 视频编解码器和 Vorbis 音频编解码器。

视频文件综合了静态的图像和音频文件的优点，在展示、说明方面有着得天独厚的优势，是网页的重要组成部分。在 HTML5 中可使用<video>标签在页面中嵌入视频文件，且不依赖其他插件。

在 HTML5 中，使用<video>标签定义视频播放器。其基本语法格式如下：

```
    <video src="视频地址">...</video>
```

与<audio>标签的使用方法相同，<video>标签利用 src 属性设置视频文件的 URL 地址，默认状态下不显示播放器，如需显示播放器，可以在标签内使用 controls 属性进行设置。同时，在未定义播放器高度与宽度的情况下，播放器视频窗口的高度与宽度等于视频文件的原始尺寸。

2．<video>标签的属性

与<audio>标签相同，<video>标签也可以通过设置标签内的属性控制视频的播放效果。常用的多媒体标签属性有以下几种：

（1）播放控件。

controls：在网页中显示播放器控件，若无设置，则视频无法正常播放。

（2）自动播放。

autoplay：属性值为 true 或 false。若值为 true，则视频在就绪后马上播放。此功能在 IE 浏览器中有效。

（3）自定义视频的开始与结束。

start：用于设置播放器在视频流中开始播放的位置，属性值为数值；若无设置，则默认从开头播放。

end：用于设置播放在视频中的何处停止。属性值为数值；若无设置，则默认播放到结尾。

（4）循环播放。

loop：属性值为 true 或 false。若值为 true，则视频会循环播放。

loopstart：用于设置视频循环播放的开始位置，属性值为数值；若无设置，则默认为 start 属性的值。

loopend：用于设置视频中循环播放的停止位置，属性值为数值；若无设置，则默认为 end 属性的值。

playcount：用于设置视频片断播放的次数，属性值为数值；若无设置，则默认播放次数为 1。

（5）设置播放器的高度与宽度。

height：用于设置播放器控件的高度，属性值为数值(单位 px)或相对于父级元素的百分数。

width：用于设置播放器控件的宽度，属性值为数值(单位 px)或相对于父级元素的百分数。

【例 3-3】　在网页中自动播放视频文件，设置视频播放窗口的尺寸，代码如下：

```
<!DOCTYPE html>
<html>
<head>
    <meta charset="UTF-8" >
    <title>播放视频文件</title>
</head>


<body>
    <h2>播放视频文件</h2>
```

```
        <hr />
        <video src="../media/webintro.mp4" controls autoplay width="500px" height="300px">
                您的浏览器不支持 audio 文件的播放
        </video>
    </body>
</html>
```

自动播放视频文件的效果如图 3.4 所示。

图 3.4 自动播放视频文件的效果

(6) 显示视频图片。

poster：用于设置视频加载时或播放前显示的图片，也可以在视频地址错误或无效的情况下进行显示。其基本语法格式如下：

```
<video src="视频地址" poster= "图片地址" controls   >...</video>
```

【例 3-4】利用<poster>标签设置图片，当视频无法播放时显示设置的图片，代码如下：

```
<!DOCTYPE html>
<html>
<head>
    <meta charset="UTF-8" >
    <title>利用&lt；poster&gt；标签显示视频图片</title>
</head>

<body>
    <h2>利用&lt；poster&gt；标签显示视频图片</h2>
```

```
        <hr />
        <video src="media/movie.mp4" poster="../media/webinrto.png" controls>
                Your browser does not support the video tag.
        </video>
    </body>
</html>
```

利用<poster>标签显示视频图片的效果如图 3.5 所示。

图 3.5　利用<poster>标签显示视频图片的效果

(7) 设置<source>标签。

在网页的应用中，偶尔会遇到视频文件无法正常访问的情况，导致这一结果的原因，可能来自浏览器的兼容性问题，也可能来自多媒体文件的格式问题或者文件链接失败。为了避免这种意外的发生，保证多媒体文件的有效播放，和处理音频文件相同，最好的解决方法是在创建网页时，利用<source>标签设置多种格式的备用视频文件，增加替换视频源。

<source>标签插入视频中的基本语法格式如下：

```
<video width="" height="" controls="controls">
    <source src="视频文件地址 1" type="文件类型/文件格式" />
    <source src="视频文件地址 2" type="文件类型/文件格式" />
    <source src="视频文件地址 3" type="文件类型/文件格式" />
        ⋮
</video>
```

以上基本语法中，若插入的文件为视频文件，则 type 属性中的文件类型的取值为 video，文件格式的取值为当前视频文件格式，如 MP4、OGG 等；若插入的文件为音频文件，则 type 属性中的文件类型的取值为 audio，文件格式的取值为当前音频文件格式，如 MP3 等。

【例 3-5】　在网页中嵌入 OGG、MP4 或 WebM 格式的视频，代码如下：

```
<!DOCTYPE html>
<html>
<head>
    <meta charset="UTF-8" >
    <title>利用&lt；source&gt；标签播放视频文件</title>
</head>


<body>
    <h2>利用&lt；source&gt；标签播放视频文件</h2>
    <hr />
    <video width="320" height="240" controls>
        <source src="../media/webintro.mp4" type="video/mp4" />
        <source src="../media/webintro.ogg" type="video/ogg" />
        <source src="../media/webintro.webm" type="video/webm" />
        Your browser does not support the video tag.
    </video>
</body>
</html>
```

利用<source>标签播放视频文件的效果如图 3.6 所示。

图 3.6　利用<source>标签播放视频文件的效果

❖ 项目实施 ❖

使用多媒体标签制作"旅行家——欢迎"界面

步骤 1：创建项目文件夹及 HTML 文档。

(1) 创建项目文件夹 Welcome，在其中创建 images 文件夹及 HTML、CSS 文件，并将其关联，且将素材图片保存在 images 文件夹中；创建 media 文件夹，将素材音频保存在 media 文件夹中。

(2) 打开 VS Code，新建文件，将其文档格式设置为 HTML，并在代码编辑区域输入英文，然后按 Tab 键，会自动生成 HTML 代码基本框架。

(3) 按 Ctrl + S 键，将 HTML 文档保存到 Welcome 文件夹中，并命名为 welcome.html。

步骤 2：初步布局页面。

(1) 修改页面标题。在<head>标记中，将<title>标记中的文字改为"欢迎页"。

(2) 设置页面 logo 及音频元素，音频播放器出现在页面左上角的默认位置。

(3) 设置主题欢迎文字，代码如下：

```html
<!DOCTYPE html>
<html lang="en">
<head>
    <meta charset="UTF-8">
    <meta http-equiv="X-UA-Compatible" content="IE=edge">
    <meta name="viewport" content="width=device-width, initial-scale=1.0">
    <title>欢迎页</title>
    <link rel="stylesheet" href="welcome.css">
</head>
<body>
    <div class="top">
        <audio src="media/music.mp3" controls loop autoplay></audio>
        <img src="images/logo.png"    align="right">
    </div>
    <div class="main">
        <p class="line1">旅行家</P>
        <p class="line2">Welcome</p>
    </div>
</body>
</html>
```

步骤 3：创建 CSS 文件，并进行页面美化。

(1) 在项目文件夹 Welcome 中创建 welcome.css 文件。

(2) 布局整体样式，并设置合适的背景图片，代码如下：

```
/*整体样式*/
*{
    margin: 0px;
    padding: 0px;
    list-style: none;
    border: 0px;
    box-sizing: border-box;
}
/* 背景图片 */
body {

    background-image: url(images/welcome.jpg);
    background-repeat: no-repeat;
    background-size: cover;

}
```

(3) 设置 logo 图片的大小，以及其与播放器所在区域的高度和背景颜色，代码如下：

```
/* logo 标语 */
.top{
    background-color: white;
    height: 64px;

}
img{
    width: 85px;

}
```

(4) 根据页面整体效果，设置网站主题与欢迎文字的字体、字号、位置等，代码如下：

```
/* 欢迎文字 */
.main{
    width: 360px;
    height: 300px;
    margin: 200px auto;
    padding:20px 30px;

}
.line1{
    font-family:"华文新魏";
    font-size:85px;
    color: rgb(27, 35, 139);
```

```
    }
    .line2{
        margin-top:15px;
        font-family:"华文新魏";
        font-size:60px;
        color: rgb(27, 35, 139);
    }
```

文字作为画面的组成部分，除了传递信息，自身也起到美化页面的作用。

HTML5 容器标签

<embed>标签用来定义一个容器，容器内可添加多媒体文件，如图像、音频、视频等内容。<embed>标签的应用更为广泛，支持的多媒体格式也更多。其基本语法格式如下：

```
<embed   src="文件地址" />
```

<embed>标签的常用属性如下：

(1) src 属性：用于设置要播放多媒体文件的 URL 地址。

(2) width 属性：用于设置播放器的宽度。

(3) height 属性：用于设置播放器的高度。

(4) type 属性：用于定义嵌入内容的类型。

【例 3-6】 使用<embed>标签展示多媒体文件，代码如下：

```
<!DOCTYPE html>
<html>
<head>
    <title>使用<embed>播放背景音乐</title>
</head>

<body>
    <h2>使用&lt;<embed>标签展示多媒体文件</h2>
    <hr />
    <embed height="100" width="200" src="../media/webinrto.png" />
    <embed height="100" width="200" src="../media/webintro.mp4" />
    <embed height="100" width="200" src="../media/music.mp3" />
</body>
</html>
```

使用<embed>标签展示多媒体文件的效果如图 3.7 所示。

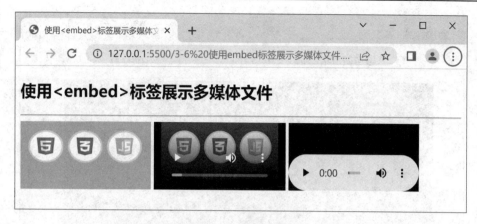

图 3.7　使用<embed>标签展示多媒体文件的效果

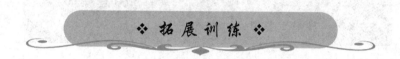

制作"GL 美拍"网站——"视频简介模块"效果

依据前面所讲知识,制作的"GL 美拍"网站——"视频简介模块"效果如图 3.8 所示;下部按钮在鼠标经过时的效果如图 3.9 所示。

图 3.8　"视频简介模块"效果

图 3.9　"视频简介模块"按钮在鼠标经过时的效果

制作步骤如下：

步骤 1：搭建 HTML 文档结构。

(1) 打开 MeiPai 文件中里的 index.html 文件。

(2) 在<body>标记里添加如下代码，并将此代码放到"12 底部模块"上边。

```html
<!DOCTYPE html>
<html lang="zh-CN">
<head>
    <meta charset="UTF-8">
    <meta http-equiv="X-UA-Compatible" content="IE=edge">
    <title>GL 美拍 - 首页</title>
    <!-- 引入自身的 css 文件 index.css -->
    <link rel="stylesheet" href="css/index.css">
</head>
<body>
    <!-- 4. 视频简介模块  start -->
    <div class="main main-intro">
        <div class="video-box">
            <video src="video/01.mp4" poster="video/poster01.jpg" controls></video>
            <div class="playBtn">
                <i class="fa fa-play-circle-o"></i>
```

```
                        </div>
                    </div>
                    <div class="btn-box">
                    <a class="btn">点击查看品牌文化</a>
                    </div>
                </div>
            <!-- 4. 视频简介模块  end -->


            <!-- 12. 底部模块  start -->
            <div class="footer">...
            </div>
        </body>
    </html>
```

步骤 2：美化"视频简介模块"效果。

(1) 打开 MeiPai 文件中的 index.css 文件。

(2) 在 index.css 文件中添加"视频简介模块"样式，并将其放到"12.2 联系方式"样式的上边。其 CSS 代码如下：

```
/* 4. 视频简介模块*/
.main {
    width: 88%;
    /*
        外边距(第一个值 70px 表示上外边距，第二个值 auto 表示左右外边距(这样盒子居中对齐)，
第三个值表示下外边距)
    */
    margin: 70px auto 0;
}
video {
    background-color: #000;
    /* 视频宽度和盒子宽度保持一致 */
    width: 100%;
    /*去除视频下部的留白*/
    vertical-align: middle;
}
.btn-box {
    text-align: center;
    /* 边框 */
    border: 1px solid #079baf;
    /* 上边框宽度 */
    border-top-width: 10px;
```

```css
    /* 上边框颜色 */
    border-top-color: #000;
  }
  .btn {
    /* 行内块状元素，具备宽度和高度 */
    display: inline-block;
    border: 1px solid #0ab4cb;
    /* 行高和高度保持一致，文本在垂直方向居中对齐 */
    height: 50px;
    line-height: 50px; /* 行高 */
    /* 内边距上下为 0，左右为 40 px */
    padding: 0 40px;
    /* 边框显示圆角，25 px 指圆角弧度 */
    border-radius: 25px ;
    color: #079baf;
    /* 外边距上下为 20 px，左右为 auto */
    margin: 20px auto;
    font-size: 14px;
    /* 过渡效果后期会讲到 */
    transition: all 1s;
  }
  /* 按钮在鼠标经过时的效果 */
  .btn:hover {
    background-color: #079baf;
    color: #fff !important;
  }

  /* 12.2 联系方式 */
```

说明：

在以上代码中，视频宽度要保证和父亲宽度一致，不要超出父亲的范围。

标记分为行内标记、行内块状标记和块状标记，其区别如下：

行内标记：不具备宽度和高度属性，在一行之上，一行容纳不下时会自动换行，如 \<span>、\<i>、\<strong>标记等。

行内块状标记：具备宽度和高度属性，在一行之上，一行容纳不下时会自动换行，如 \<img>标记。

块状标记：具备宽度和高度属性，独占一行，如\<div>、\<p>、\<h1>标记等。

注意：以上三种标记类型可以互相转换，通过 display 属性设置，其值可设置为 inline(行内元素)、inline-block(行内块状元素)、block(块状元素)等。

项目 4

网页布局与元素的精确定位

——CSS＋DIV的应用

❖ 知识目标

- 理解盒子模型的基本概念，熟悉盒子模型的基本属性及高级属性。
- 掌握盒子浮动属性的使用方法。
- 了解文档流的概念，掌握盒子模型定位方法。
- 掌握 HTML 元素的类型及其转换方法。

❖ 能力目标

- 能够布局网页基本框架。
- 能够灵活运用盒子模型设计并制作网页模块。

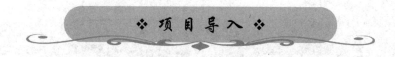

"旅行家——住宿"页面效果展示

CSS＋DIV 可实现丰富的页面布局。在实现网页页面时，通常使用盒子模型的定位属性布局页面，同时使用盒子模型的边框及背景属性美化页面。本项目将使用 CSS＋DIV 制作"旅行家——住宿"页面。完成效果如图 4.1 所示。

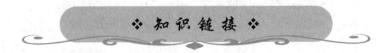

图 4.1　"旅行家——住宿"页面

❖ 知 识 链 接 ❖

　　盒子模型在网页布局及设计中应用非常广泛。熟练使用盒子模型的属性，一方面可以帮助设计者布局网页，另一方面可以使页面更加立体美观；同时盒子模型也是进一步制作网页动画效果等的基础。

一、盒子模型及其基本属性

1. 盒子模型简介

通常所说的盒子模型，是指将 HTML 中的元素看成一个矩形容器。可以通过类比实际生活中的手机盒子，来更好地理解盒子模型的概念。手机盒子的结构如图 4.2 所示。

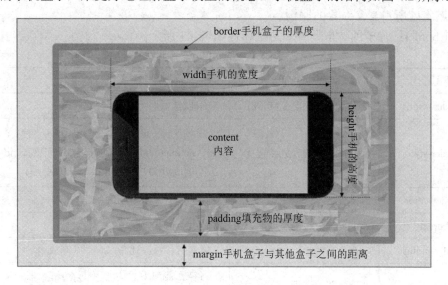

图 4.2　手机盒子的结构

对于一个 CSS 盒子，其实际占据的宽高计算方法如下：

总宽度 = width + 左右内边距之和 + 左右边框宽度之和 + 左右外边距之和

总高度 = height + 上下内边距之和 + 上下边框宽度之和 + 上下外边距之和

2. DIV 结构及其基本属性

在 HTML 中，使用 div 标记来表示一个盒子。其基本语法格式为：

```
<div 属性="属性值">文本内容</div>
```

盒子模型的基本属性包括盒子的宽高、边框、内边距、外边距。盒子模型的结构如图 4.3 所示。

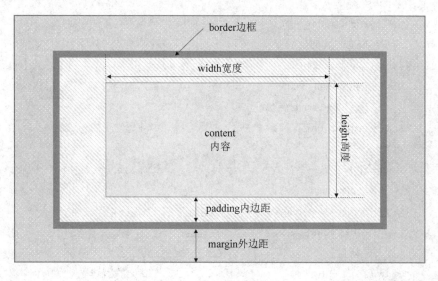

图 4.3　盒子模型的结构

(1) width/height：盒子内容的宽/高，其属性值可以以 px 为单位，也可以是百分比形式，即表示其宽度所占其父对象的比例。

(2) border：盒子的边框属性。边框属性如表 4.1 所示。

表 4.1　边 框 属 性

样式属性	属性说明	属 性 值
border-width	设置边框的宽度(粗细)	px(像素值)
border-style	设置边框的样式(线型)	none(默认)、solid(单实线)、dashed(虚线)、dotted(电线)、double(双实线)、groove(3D 凹槽)、ridge(菱形边框)、inset(3D 凹边)、outset(3D 凸边)
border-color	设置边框的颜色	颜色值、十六进制颜色码、RGB 值
border	设置综合边框属性	宽度、样式、颜色
border-radius	设置圆角边	像素值、百分比
border-image	设置图片边框	路径、裁剪方式/边框宽度/边框扩展距离、重复方式

使用表 4.1 中的属性可以设置盒子的边框样式。

【例 4-1】 设置盒子的边框，代码如下：

```
<!DOCTYPE html>
<html lang="en">
<head>
    <meta charset="UTF-8">
    <title>盒子的边框</title>
    <style type="text/css">
        div {
            width: 150px;                    /*设置盒子的宽高*/
            height: 100px;
            font-size: 20px;
            font-weight: bold;
            text-align: center;
            margin: 10px;                    /*设置盒子的外边距*/
        }
        .one {                               /*分别设置边框属性*/
            border-width: 1px;
            border-style: solid;
            border-color: black;
        }
        .two {                               /*综合设置边框属性*/
            border: 1px dashed red;
```

```
        }
        .three {
            border-width: 5px;
            border-style: solid;
            border-color: pink green orange blue;        /*按照上右下左顺序设置边框颜色*/
        }
        .four {                                          /*分别设置四个方向边框样式*/
            border-top: 5px dotted pink;
            border-right: 5px double green;
            border-bottom: 5px dashed orange;
            border-left: 5px groove blue;
        }
    </style>
</head>
<body>
    <div class="one">One</div>
    <div class="two">Two</div>
    <div class="three">Three</div>
    <div class="four">Four</div>
</body>
</html>
```

【例 4-2】 设置圆角边，代码如下：

```
<!DOCTYPE html>
<html lang="en">
<head>
    <meta charset="UTF-8">
    <title>圆角边</title>
    <style type="text/css">
        div {
            width: 100px;
            height: 100px;
            font-size: 20px;
            font-weight: bold;
            text-align: center;
            margin: 10px;
            border: 5px solid red;
        }
        .one {
```

```
            border-radius: 20px;                    /*将四个角设置为同样的属性*/
        }
        .two {
            border-radius: 50%;              /*设置正方形盒子圆角边为50%，即可绘制成圆形*/
        }
        .three {
            border-top-right-radius: 50%;    /*可以分别设置四个方向圆角边*/
            border-bottom-left-radius: 50%;
        }
    </style>
</head>
<body>
    <div class="one">One</div>
    <div class="two">Two</div>
    <div class="three">Three</div>
</body>
</html>
```

盒子的边框效果如图 4.4 所示，圆角边效果如图 4.5 所示。

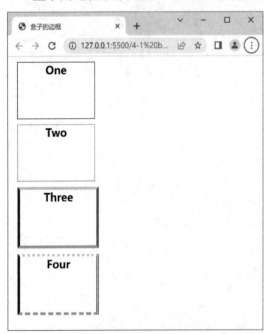

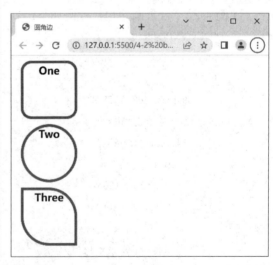

图 4.4　盒子的边框效果　　　　　　　图 4.5　圆角边效果

border-image 用来设置图片边框，其复合写法语法格式如下：

```
border-image: source slice width outset repeat|initial|inherit;
```

图片边框的属性也可分为以下几个属性分别进行设置，具体如表 4.2 所示。

表 4.2　border-image 图片边框属性

属性名称	描　　述
border-image-source	设置图片边框的路径
border-image-slice	设置图片边框向内偏移
border-image-width	设置图片边框的宽度
border-image-outset	设置图片边框超出盒子边框的量
border-image-repeat	设置图片边框是否应平铺(repeat)、铺满(round)或拉伸(stretch)

下面通过例 4-3 展示图片边框的使用方法，例 4-3 中选用的素材图片如图 4.6 所示。通过数字的标识有助于了解图片边框属性的原理。当设置 border-image-slice 属性时，实际上是将素材图片进行裁切，保留图片边缘作为盒子的边框，原理如图 4.7 所示。border-image-outset 用来设置图片边框超出盒子边框的量，简单来说，就是将图片边框外扩至盒子外部，原理如图 4.8 所示。

【例 4-3】　使用图片边框，代码如下：

```html
<!DOCTYPE html>
<html lang="en">
<head>
    <meta charset="UTF-8">
    <title>图片边框</title>
    <style type="text/css">
        div{
            width: 300px;
            height: 300px;
            border-style: solid;    /*使用图片边框，将边框样式设置为实线*/
            border-image-source: url(images/img1.png);    /*设置图片边框路径*/
            border-image-slice: 33%;              /*设置图片边框裁切宽度*/
            border-image-width: 43px;             /*设置图片边框宽度*/
            border-image-outset: 0px;             /*设置图片边框超出盒子边框的量*/
            border-image-repeat: repeat;          /*设置图片填充方式*/
        }
    </style>
</head>
<body>
    <div></div>
</body>
</html>
```

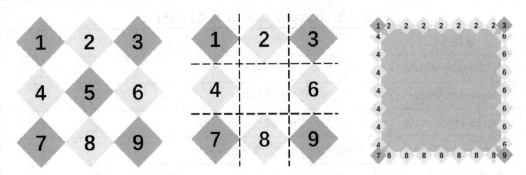

图 4.6　例 4-3 素材图　　　图 4.7　图片边框裁切属性原理　图 4.8　图片边框超出属性原理

例 4-3 完成效果如图 4.9 所示。若将以上代码中 border-image-repeat 属性设置为 strech(拉伸)，则效果如图 4.10 所示。

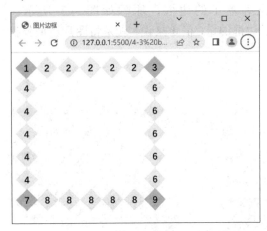

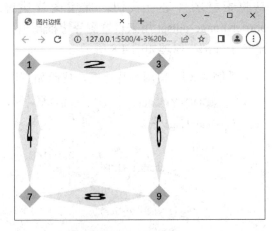

图 4.9　图片边框效果 1　　　　　　　　图 4.10　图片边框效果 2

(3) padding/margin：设置盒子内/外边距的宽度。其属性值是一个像素值。可使用 auto 属性自动设置边距，既可以将边距设置为同样的值，也可以将边距分四个方向设置为不同的值。其基本语法格式如下：

```
padding/margin:边距值
padding/margin:上下边距值  左右边距值
padding/margin:上边距值  左右边距值  下边距值
padding/margin:上边距值  右边距值  下边距值  左边距值
```

【例 4-4】 设置内边距与外边距，代码如下：

```
<!DOCTYPE html>
<html lang="en">
<head>
    <meta charset="UTF-8">
    <title>内边距与外边距</title>
    <style type="text/css">
        div{
```

```
                width: 500px;
                height: 300px;
                border:1px solid black;
                padding: 50px;                /*将内边距统一设置为50px*/
                padding-left: 0px;            /*将左内边距设置为0px*/
                margin: 0px 50px;             /*将外内边距上下设置为0px，左右设置为50px*/
            }
        </style>
    </head>
    <body>
        <div>
            <img src="images/flower.jpg">
        </div>
    </body>
</html>
```

内边距与外边距效果如图 4.11 所示。

图 4.11　内边距与外边距效果

二、DIV 高级属性

1. box-shadow 属性

box-shadow 属性用于给盒子添加阴影效果。其基本语法格式如下：

box-shadow:水平阴影　垂直阴影　模糊半径　扩展半径　阴影颜色　阴影类型

box-shadow 属性有六个属性值，其具体含义如表 4.3 所示。

表 4.3　box-shadow 属性值

属性值	说　　明
水平阴影	像素值，必需，表示水平阴影的位置
垂直阴影	像素值，必需，表示垂直阴影的位置
模糊半径	像素值，表示阴影模糊的范围
扩展半径	像素值(不可为负值)，表示阴影的宽度
阴影颜色	CSS 颜色规则
阴影类型	outset(默认)表示外阴影，inset 表示内阴影

【例 4-5】用 CSS 绘制眼睛，代码如下：

```html
<!DOCTYPE html>
<html lang="en">
<head>
    <meta charset="UTF-8">
    <title>用 CSS 绘制眼睛</title>
    <style type="text/css">
        .out{
            width: 200px;
            height: 100px;
            padding-left: 80px;
            padding-top: 30px;
            margin: 80px;
            border: 1px solid #000;
            border-radius:99% 2px 99% 2px;
            box-shadow: 15px -20px 20px 5px #ffa500,-10px 10px 0px 2px #000 inset;
        }
        .in{
            width: 85px;
            height: 85px;
            border-radius: 50%;
            background-color: #000;
        }
    </style>
</head>
<body>
    <div class="out">
        <div class="in"></div>
    </div>
</body>
</html>
```

例 4-5 中使用到了两个阴影，绘制多重阴影时可在每一组阴影参数之间用逗号隔开。用 CSS 绘制眼睛效果如图 4.12 所示。

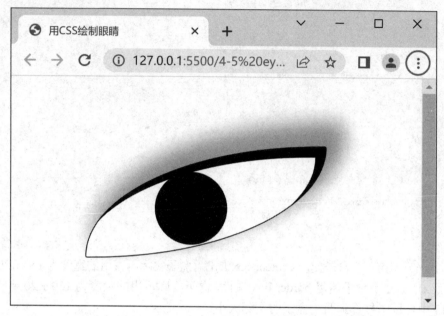

图 4.12   用 CSS 绘制眼睛效果

2. box-sizing 属性

默认状态下，盒子模型的宽高是指盒子中内容部分的宽高，盒子实际所占宽高是内容宽高加上边框以及内外边距的长度。在网页设计时，繁琐的计算不符合人们的思维习惯，我们可以使用 CSS3 的 box-sizing 属性，修改盒子宽高的计算规则，定义盒子的宽高是否包含边框及内外边距。box-sizing 的基本语法格式如下：

```
box-sizing: content-box/border-box;
```

box-sizing 有两个可选属性值，其中 content-box 是默认状态下的盒子，这种状态下设置盒子的宽高是指内容部分的宽高；border-box 状态下设置盒子的宽高是指盒子边框(包含边框)以内的宽高，也就是内容与边框以及边距的总和。下面通过例 4-6 展示 content-box 与 border-box 的不同。

【例 4-6】 设置 box-sizing 属性，代码如下：

```
<!DOCTYPE html>
<html lang="en">
<head>
    <meta charset="UTF-8">
    <title>box-sizing 属性</title>
    <style type="text/css">
        div {
            width: 150px;
            height: 100px;
```

```
                padding: 10px;
                margin: 10px;
                border: 5px solid #000;
            }
            .two {
                box-sizing: border-box;
            }
        </style>
    </head>
    <body>
        <div class="one">content-box</div>
        <div class="two">border-box</div>
    </body>
</html>
```

在例 4-6 中，第 1 个盒子使用 content-box 属性，盒子实际所占用的宽度为 150 + 20 + 20 + 10 = 200(px)；第 2 个盒子使用 border-box 属性，盒子实际占用的宽度为 150 + 20 = 170(px)。从图 4.13 中可以明显看到两个盒子的实际大小。

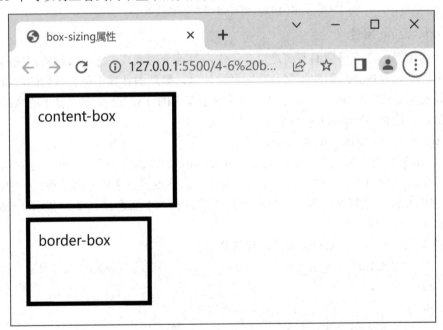

图 4.13   box-sizing 属性应用效果

3. background 属性

在 CSS 中，可以通过 background 属性设置盒子的背景，即不仅可以设置盒子的背景颜色，也可以选用图片作为盒子的背景。background 属性包含以下几个属性，这几个属性可单独使用，也可以用 background 属性综合设置背景样式，具体如表 4.4 所示。

表 4.4　background 属性

属　性	说　明
background-color	规定要使用的背景颜色
background-image	规定要使用的背景图片
background-position	规定背景图片的位置
background-size	规定背景图片的尺寸
background-repeat	规定背景图片的平铺方式
background-origin	规定背景图片的定位区域
background-clip	规定背景的绘制区域
background-attachment	规定背景图片的固定方式(是否随着页面滚动)
background	综合设置背景样式

1) background-color(背景颜色)

background-color 属性可以用来设置盒子的背景颜色,其属性值可以是一个代表颜色的英文单词,也可以使用 RGB 值或十六进制颜色值。其基本语法格式如下:

```
background-color: RGB/RGBA/十六进制颜色值;
```

其中,RGBA 值可将背景颜色设置为带有透明度的颜色。设置背景透明度有两种方式:RGBA 模式和 opacity 属性。

(1) RGBA 模式。RGBA 是 CSS3 新增颜色模式,该模式在 RGB 模式上增加了一个参数 alpha 用来设置颜色的透明度,其写法为 rgba(r, g, b, alpha)。alpha 参数值可设置成一个 0 至 1 之间的值,值越小颜色的透明度越高,当值为 0 时,代表颜色完全透明;当值为 1 时,代表颜色完全不透明。

(2) opacity 属性。在 CSS3 中,使用 opacity 属性可以设置元素的透明度,其属性值和 RGBA 模式中 alpha 参数的取值方法相同。

【例 4-7】　设置 box-sizing 属性(背景颜色),代码如下:

```
<!DOCTYPE html>
<html lang="en">
<head>
    <meta charset="UTF-8">
    <title>box-sizing 属性</title>
    <style type="text/css">
        div {
            width: 150px;
            height: 100px;
            margin: 10px;
            border: 10px solid #000;
        }
        .one{
```

```
            background-color: rgb(255, 0, 0);
        }
        .two{
            background-color: rgba(255, 0, 0, 0.5);
        }
        .three{
            background-color: #ff0000;
            opacity: 0.3;
            filter:alpha(opacity=30);    /*兼容 IE6-IE8 的写法*/
        }
    </style>
</head>
<body>
    <div class="one"></div>
    <div class="two"></div>
    <div class="three"></div>
</body>
</html>
```

背景颜色设置效果如图 4.14 所示。将第 1 个盒子背景设置为红色，第 2 个盒子使用 RGBA 模式将盒子背景颜色设置为透明度为 0.5 的红色，第 3 个盒子使用 opacity 属性将盒子背景颜色设置为透明度为 0.3 的红色。从效果图中可以看到，两种方法设置带有透明度的背景颜色其效果是有区别的：在使用 RGBA 模式时，盒子的背景具有透明度而边框是没有透明度的；使用 opacity 属性时，盒子的背景及边框颜色都是具有透明度的。

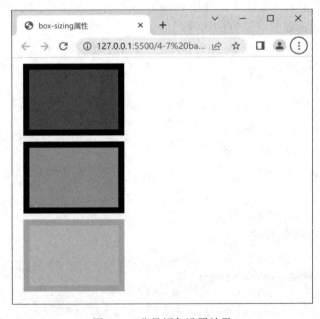

图 4.14　背景颜色设置效果

2) background-image(背景图片)

background-image 属性可以用来设置盒子的背景图片，其属性值是图片的 url 地址。background-image 基本语法格式如下：

> background-image:url(图片路径);

3) background-position(背景图片的位置)

background-position 属性用来设置背景图片的位置，其属性值有多种设置方法。background-position 基本语法格式如下：

> background-position: xpos ypos| x% y%|预定义关键字;

其中：

xpos ypos：使用不同单位的值来定义图片的左上角的水平位置和垂直位置，最常用的单位是 px。如果仅设置一个值，第 2 个值默认为 50%。

x% y%：使用百分比定义图片左上角的水平位置和垂直位置，0% 0%代表与左上角对齐，50% 50%代表与中心点对齐，100% 100%代表与右下角对齐。如果仅设置一个值，第 2 个值默认为 50%。

预定义关键字：使用代表方向的单词指定元素的位置，水平方向有 left、center、right，垂直方向有 top、center、bottom。使用两个关键字定义位置时，第 1 个值表示其水平位置，第 2 个值表示其垂直位置。只有一个值时，第 2 个值默认为 center。

4) background-size(背景图片的尺寸)

background-size 属性用来设置背景图片的大小。其基本语法格式如下：

> background-size:cover|contain|像素值 |百分比;

其中：

cover：保持图像的纵横比，并将图像缩放成将完全覆盖背景定位区域的最小尺寸；

contain：此时会保持图像的纵横比，并将图像缩放成适合背景定位区域的最大尺寸；

像素值：以像素值的方式定义背景图片的大小；

百分比：将计算相对于背景定位区域的百分比，作为背景图片的大小。

5) background-repeat(背景图片的平铺方式)

background-repeat 属性用来设置背景图片的平铺方式。其基本语法格式如下：

> background-repeat:repeat|no-repeat|repeat-x | repeat-y;

其中：

repeat：沿水平和垂直两个方向平铺；

no-repeat：不平铺；

repeat-x：沿水平方向平铺；

repeat-y：沿垂直方向平铺。

【例 4-8】 设置背景图片，代码如下：

```
<!DOCTYPE html>
<html lang="en">
<head>
    <meta charset="UTF-8">
```

```html
    <title>背景图片</title>
    <style type="text/css">
        div {
            width:200px;
            height:200px;
            margin: 10px;
            border: 5px solid #000;
            float: left;    /*  使盒子水平排列*/
        }
        .one{
            background-image:url(images/butterfly.jpg);
            background-size: 100px 100px;
            background-repeat: repeat;
        }
        .two{
            background-image: url(images/butterfly.jpg);
            background-size: 150px 150px;
            background-repeat: no-repeat;
            background-position: center;
        }
        .three{
            background-image: url(images/bears.jpg);
            background-size: contain;
            background-repeat: no-repeat;
        }
        .four{
            background-image:url(images/bears.jpg);
            background-size: 100% 100%;
        }
    </style>
</head>
<body>
    <div class="one"></div>
    <div class="two"></div>
    <div class="three"></div>
    <div class="four"></div>
</body>
</html>
```

例 4-8 中将背景图片作为背景，并使用不同方法设置了背景图片大小，效果如图 4.15 所示。

图 4.15　背景图片设置效果

6) background-origin(背景图片的定位区域)

background-origin 属性规定 background-position 属性相对于什么位置来定位，即背景图片左上角的定位起点。其基本语法格式如下：

```
background-origin: padding-box|border-box|content-box;
```

其中：

padding-box：背景图片相对于内边距框来定位(默认值)；

border-box：背景图片相对于边框盒来定位；

content-box：背景图片相对于内容框来定位。

7) background-clip(背景的绘制区域)

background-clip 属性规定背景的绘制区域。其基本语法格式如下：

```
background-clip: border-box|padding-box|content-box;
```

其中：

border-box：背景被裁剪到边框盒(默认)；

padding-box：背景被裁剪到内边距框；

content-box：背景被裁剪到内容框。

【例 4-9】 设置背景图片 2，代码如下：

```
<!DOCTYPE html>
<html lang="en">
<head>
    <meta charset="UTF-8">
    <title>背景图片 2</title>
    <style type="text/css">
        div {
            width:150px;
            height:150px;
            margin: 10px;
            padding: 20px;
            border: 10px dotted #000;
            background-image:url(images/bg.jpg);
            background-size: 100% 100%;
            background-repeat: no-repeat;
            float: left;
        }
        .one{
            background-origin: border-box;
        }
        .two{
            background-origin:content-box;
        }
        .three{
            background-origin:padding-box;
        }
        .four{
            background-origin: border-box;
            background-clip: border-box;
        }
        .five{
            background-origin: border-box;
            background-clip: content-box;
        }
        .six{
            background-origin: border-box;
            background-clip: padding-box;
        }
```

```
            </style>
        </head>
        <body>
            <div class="one"></div>
            <div class="two"></div>
            <div class="three"></div>
            <div class="four"></div>
            <div class="five"></div>
            <div class="six"></div>
        </body>
    </html>
```

　　背景图片 2 设置效果如图 4.16 所示，第 1 行将背景图片的 background-origin 属性依次设置为 border-box、padding-box、content-box，可以看到背景图片的左上角分别与边框、内边距及内容部分的左上角对齐；第 2 行将背景图片左上角与边框左上角对齐的同时，分别将 background-clip 属性设置为 border-box、padding-box、content-box，可以看到背景图片分别从边框、内边距及内容部分进行裁剪。background-origin 与 background-clip 的属性意义不同(但属性值相同)，呈现的效果也不一样，这里需要着重区分。

图 4.16　背景图片 2 设置效果

8) background-attachment(背景图片的固定方式)

background-attachment 属性用来设置背景图片的固定方式。其基本语法格式如下：

```
background-attachment:scroll|fixed;
```

其中：

　　scroll：图片跟随页面滚动(默认值)；

　　fixed：图片不跟随页面滚动，一般固定在屏幕某一位置。

【例 4-10】 设置背景图片固定，代码如下：

```
<!DOCTYPE html>
<html lang="en">
<head>
    <meta charset="UTF-8">
    <title>背景图片固定</title>
    <style type="text/css">
        body{
            background-image: url(images/plumblossom.jpg);
            background-repeat: no-repeat;
            background-attachment: fixed;
        }
    </style>
</head>
<body>
    梅须逊雪三分白，雪却输梅一段香。梅须逊雪三分白，雪却输梅一段香。
    ⋮
</body>
</html>
```

例 4-10 中，可以通过修改 background-attachment 的属性，看到两个属性值的不同效果，如图 4.17 所示。

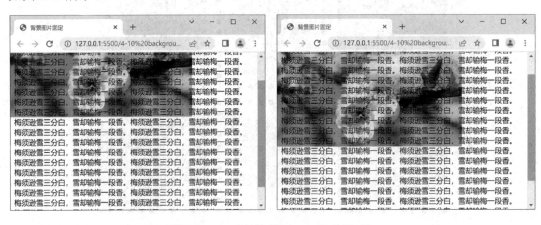

图 4.17 fixed 效果(左)与 scroll 效果(右)

9) background(背景复合属性)

可以分别设置以上背景样式属性，也可以使用 background 属性综合设置背景样式。其基本语法格式如下：

```
background : background-color background-image background-repeat
background-attachment background-position/background-size background-origin background-clip;
```

这里有三个非常重要的问题需要注意：

（1）属性的顺序没有强制要求。

（2） background-position 和 background-size 两个属性值非常相似，如果两个属性值都规定，那么需要用斜杠分隔；如果规定一个，那么仅对 background-position 属性有效，background-size 采用默认值。

（3）background-origin 与 background-clip 两个属性值完全相同，如果只规定一个，那么对两个属性都有效；如果规定两个，那么两个属性之间不需要用斜杠分隔。

【例 4-11】　设置复合背景，代码如下：

```
<!DOCTYPE html>
<html lang="en">
<head>
    <meta charset="UTF-8">
    <title>背景复合属性</title>
    <style type="text/css">
        div{
            width: 360px;
            height: 80px;
            margin: 10px;
            padding: 20px;
            padding-top: 320px;
            border: 1px solid #c7c7c7;
            box-shadow: 10px 10px 10px 2px #c7c7c7;
            background: #f7f7f7 url(images/lotus.jpg) no-repeat center 10px/380px 300px;
            text-align: center;
            line-height: 25px;
        }
    </style>
</head>
<body>
    <div>
        小 池<br>
        泉眼无声惜细流，树阴照水爱晴柔。<br>
        小荷才露尖尖角，早有蜻蜓立上头。
    </div>
</body>
</html>
```

背景复合属性效果如图 4.18 所示。

图 4.18　背景复合属性效果

10) 设置多重背景图片

CSS3 以前的版本中，一个容器只能设置一张背景图片，而 CSS3 增强了背景图片属性，可以在一个容器中设置多张图片作为背景图片。使用多张图片作为背景图片时，不同图片的属性用逗号隔开。多张图片叠加时，URL 地址写在前面的图片显示在最顶层，写在后面的图片显示在底层。

【例 4-12】 设置多重背景图片，代码如下：

```
<!DOCTYPE html>
<html lang="en">
<head>
    <meta charset="UTF-8">
    <title>多重背景图片</title>
    <style type="text/css">
        div{
            width: 500px;
            height: 450px;
            margin: 10px;
            border: 20px groove #B87333;
            background:url(images/balloon1.png)  top  left  no-repeat,  url(images/balloon2.png)
center right no-repeat, url(images/cloud.png) no-repeat,   url(images/grass.png) center no-repeat;
        }
```

```
            </style>
    </head>
    <body>
        <div></div>
    </body>
    </html>
```

例 4-12 中使用了三张图片组合起来作为背景图片，效果如图 4.19 所示。

图 4.19　多重背景图片效果

4. 渐变填充

在 CSS3 中，不仅可以将盒子的背景设置为纯色或者图片，还可以将盒子的背景设置为渐变效果。CSS3 中的渐变效果主要通过 background-image 属性下的函数来实现，包括线性渐变和径向渐变。

1) 线性渐变

线性渐变指颜色沿直线方向过渡。其基本语法格式如下：

```
background: linear-gradient(direction, color-stop1, color-stop2, ...);
```

其中：

direction：渐变方向，其属性值可以是"to top | right | bottom | left"，也可以是一个角度。0deg 对应 to top，90deg 对应 to right，180deg 对应 to bottom，270deg 对应 to left。默认值是 180deg。

color-stop：渐变起止颜色，可以添加多个颜色值。

【例 4-13】 设置线性渐变，代码如下：

```
<!DOCTYPE html>
<html lang="en">
<head>
    <meta charset="UTF-8">
    <title>线性渐变</title>
    <style type="text/css">
        div{
            width: 300px;
            height: 300px;
            margin: 10px auto;    /*使盒子水平居中*/
            background-image: linear-gradient(45deg, #ff0000, #ffff00, #00ff00);
        }
    </style>
</head>
<body>
    <div></div>
</body>
</html>
```

线性渐变效果如图 4.20 所示。

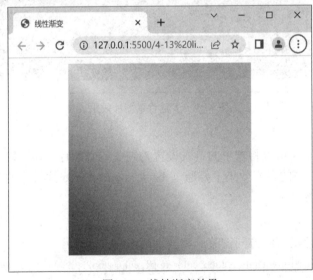

图 4.20　线性渐变效果

2) 径向渐变

径向渐变指颜色从中心点沿圆形或椭圆形半径方向过渡的渐变效果。其基本语法格式如下：

background: radial-gradient(shape size at position, color-stop1, color-stop2, ...);

其中：

shape size：定义渐变形状及形状大小的一组参数值，两个参数值用空格隔开。shape 及 size 参数值如表 4.5 所示。

表 4.5　shape 及 size 参数值

参数值		说　　明
shape 参数值	circle	径向渐变为"圆形"
	ellipse	径向渐变为"椭圆形"
size 参数值	closest-side	指定径向渐变的半径长度为从圆心到离圆心最近的边
	closest-corner	指定径向渐变的半径长度为从圆心到离圆心最近的角
	farthest-side	指定径向渐变的半径长度为从圆心到离圆心最远的边
	farthest-corner	指定径向渐变的半径长度为从圆心到离圆心最远的角

position：定义圆心位置，定义方法如背景图片定位方式。可以使用表示方向的词从水平方向和垂直方向描述圆心位置，例如 top left(左上)；也可以使用像素值或百分比表示圆心位置，其值可以是负值。

color-stop：渐变起止颜色，可以添加多个颜色值。

【例 4-14】　设置径向渐变，代码如下：

```
<!DOCTYPE html>
<html lang="en">
<head>
    <meta charset="UTF-8">
    <title>径向渐变</title>
    <style type="text/css">
        div{
            width: 300px;
            height: 300px;
            border-radius: 50%;
            margin: 10px auto;    /*使盒子水平居中*/
            background-image: radial-gradient(circle at 100px 100px, #ffffff, #ff6600);
        }
    </style>
</head>
<body>
    <div></div>
</body>
</html>
```

径向渐变效果如图 4.21 所示。

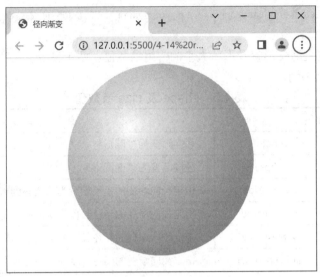

图 4.21　径向渐变效果

3）重复渐变

(1) 重复线性渐变的语法格式如下：

```
background: repeating-linear-gradient(direction, color-stop1, color-stop2, ...);
```

(2) 重复径向渐变的语法格式如下：

```
background: repeating-radial-gradient(shape size at position, color-stop1, color-stop2, ...);
```

重复渐变的参数设置与线性渐变及径向渐变相似。对于线性渐变及径向渐变中的颜色，可以用"color 位置值"的形式表示某个确定位置的固定色值，其中位置值是指相对虚拟渐变射线的百分比或者长度值。

【例 4-15】 设置重复渐变，代码如下：

```
<!DOCTYPE html>
<html lang="en">
<head>
    <meta charset="UTF-8">
    <title>重复渐变</title>
    <style type="text/css">
        div{
            width: 200px;
            height: 200px;
            margin: 20px;
            float: left;
        }
        .one{
            background-image: repeating-linear-gradient(90deg, #ff99cc 0%, #ffffff 10%, #ffcccc 20%);
        }
```

```
        .two{
                background-image: repeating-radial-gradient(ellipse 100% 50%, #ff99cc 0%, #ffffff
10%, #ffcccc 20%);
             }
    </style>
</head>
<body>
    <div class="one"></div>
    <div class="two"></div>
</body>
</html>
```

重复渐变效果如图 4.22 所示。

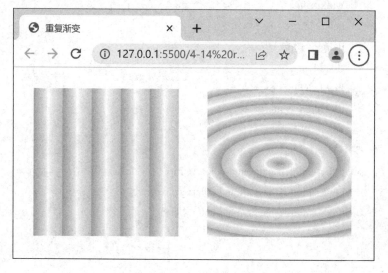

图 4.22　重复渐变效果

三、元素的浮动

1. float 属性

float 属性定义元素在哪个方向浮动，使元素可以沿水平方向排列。float 有如下三个属性值：

- left：向左浮动；
- right：向右浮动；
- none：不浮动(默认值)。

【例 4-16】 设置元素浮动，代码如下：

```
<!DOCTYPE html>
<html lang="en">
<head>
```

```html
    <meta charset="UTF-8">
    <title>元素浮动</title>
    <style type="text/css">
        .big{
            width: 500px;
            height: 200px;
            border: 1px solid #c7c7c7;
            box-shadow: 10px 10px 10px 2px #c7c7c7;
            background: #f7f7f7;
            padding: 10px;
        }
        .small{
            width: 50px;
            height: 50px;
            margin: 10px;
            float: left;
            line-height: 50px;
            text-align: center;
            color: #fff;
        }
        .small:first-child{background-color: red;}
        .small:nth-child(2){background-color: yellow;}
        .small:nth-child(3){background-color: blue;}

    </style>
</head>
<body>
    <div class="big">
        <div class="small">HTML</div>
        <div class="small">CSS</div>
        <div class="small">JS</div>
        <p>在进行网站制作前，首先要进行网站页面的整体设计。一个网站是由若干个网页构成的，网页是用户访问网站的界面。因此，通常意义上的网站设计，指的是网站中各个页面的设计。而网页设计中，最先提到的就是网页的布局。布局是否合理、美观，将直接影响到用户的阅读体验及访问时间。</p>
    </div>
</body>
</html>
```

元素浮动效果如图 4.23 所示。

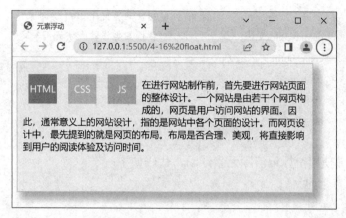

图 4.23　元素浮动效果

2. 清除浮动

在使用 float 属性后，元素的浮动会对其周围元素产生影响。清除浮动对周围元素影响的常用方法有两种，一种是使用 clear 属性，另一种是使用 overflow 属性。

1) clear 属性

在 CSS 中可以使用 clear 属性清除浮动。clear 有三个常用的属性值，分别是 left、right、both，可以清除元素左侧、右侧、两边的浮动影响。我们可以在例 4-16 中给段落标记<p>添加 clear 属性，文字将移动至下方，不会受上面三个小盒子的影响，效果如图 4.24 所示。

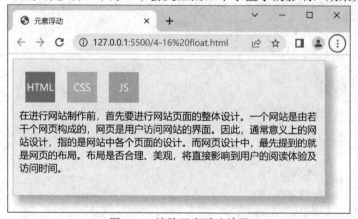

图 4.24　清除元素浮动效果

元素浮动时，除了会对周围的兄弟元素产生影响，还会对父对象产生影响。在例 4-16中，如果去掉 p 标签及其中的文字，同时不设置外 big 盒子的宽高，则会产生图 4.25 中左侧的效果，即大盒子变成了细长盒子。为了避免这样的问题，可以在.small 盒子的后面添加一个元素，并对其设置 clear 属性，消除浮动对其父元素的影响，效果如图 4.25 中右侧所示。具体操作有两种方法：

(1) 使用空标记清除浮动。需要在最后一个子元素的后面再添加一个空标记，并为其添加 clear 属性。

(2) 使用 after 伪对象清除标记。只需在 CSS 样式中添加如下代码，即为父对象添加一个 after 伪对象。

```
    .big:after{                          /*对父对象使用 after 伪对象*/
            display: block;              /*将伪对象设置为块元素*/
            clear: both;
            content: "";
            visibility: hidden;          /*隐藏伪对象*/
            height: 0px;
        }
```

【例 4-17】　使用空标记清除元素浮动，代码如下：

```
<!DOCTYPE html>
<html lang="en">
<head>
    <meta charset="UTF-8">
    <title>使用空标记清除元素浮动</title>
    <style type="text/css">
        .big{
            /*width: 500px;
            height: 200px;*/
            border: 1px solid #c7c7c7;
            box-shadow: 10px 10px 10px 2px #c7c7c7;
            background: #f7f7f7;
            padding: 10px;
        }
        .small{
            width: 50px;
            height: 50px;
            margin: 10px;
            float: left;
            line-height: 50px;
            text-align: center;
            color: #fff;
        }
        .small:first-child{background-color: #ff6666;}
        .small:nth-child(2){background-color: #ffcc00;}
        .small:nth-child(3){background-color: #66ccff;}
        .blank{clear: both;}
    </style>
</head>
<body>
    <div class="big">
```

```
            <div class="small">HTML</div>
            <div class="small">CSS</div>
            <div class="small">JS</div>
            <div class="blank"></div>
        </div>
    </body>
</html>
```

使用空标记清除浮动效果如图 4.25 所示。

图 4.25　使用空标记清除浮动效果

2）overflow 属性

overflow 属性用来定义如何处理溢出元素内容区的内容。overflow 属性有五个常用属性值，如表 4.6 所示。

表 4.6　overflow 属性值

值	描　　述
visible	默认值。内容不被修剪，会呈现在元素框之外
hidden	内容被修剪，并且其余内容是不可见的
scroll	内容被修剪，但是浏览器会显示滚动条以便查看其余的内容
auto	如果内容被修剪，则浏览器会显示滚动条以便查看其余的内容
inherit	规定应该从父元素继承 overflow 属性的值

【例 4-18】　设置 overflow 属性，代码如下：

```
<!DOCTYPE html>
<html lang="en">
<head>
    <meta charset="UTF-8">
    <title>overflow 属性</title>
    <style type="text/css">
        div{
            width: 100px;
            height: 100px;
            background-color: #ccccff;
            margin:20px;
```

```
            float: left
         }
         div:nth-child(2){overflow:hidden;}
         div:nth-child(3){overflow:scroll;}
         div:nth-child(4){overflow:auto;}
      </style>
   </head>
   <body>
      <div>在进行网站制作前，首先要进行网站页面的整体设计。一个网站是由若干个网页构成
的，网页是用户访问网站的界面。</div>
      <div>在进行网站制作前，首先要进行网站页面的整体设计。一个网站是由若干个网页构成
的，网页是用户访问网站的界面。</div>
      <div>在进行网站制作前，首先要进行网站页面的整体设计。一个网站是由若干个网页构成
的，网页是用户访问网站的界面。</div>
      <div>在进行网站制作前，首先要进行网站页面的整体设计。一个网站是由若干个网页构成
的，网页是用户访问网站的界面。</div>
   </body>
</html>
```

overflow 属性应用效果如图 4.26 所示，自左到右分别将盒子的 overflow 属性设置为
visible(默认)、hidden、scroll 和 auto。

图 4.26　overflow 属性应用效果

要使用 overflow 属性消除元素浮动对其父对象的影响，只需要给父对象添加 overflow
属性，并将属性值设置为 hidden 即可。

四、元素的定位

1. 块元素与行内元素

HTML 中的元素可以分为两类，分别为块元素与行内元素，如图 4.27 所示。

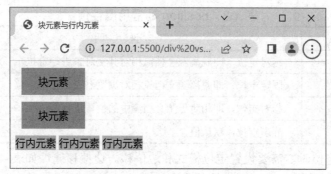

图 4.27　块元素与行内元素

1) 块元素

最典型的块元素是<div>，常见的块元素有<hn>、<p>、<ul>、<li>、<ol>等。块元素具有如下特点：

(1) 每个块元素都是独自占一行。

(2) 元素的高度、宽度、行高和边距都是可以设置的。

(3) 元素的宽度如果不设置，则默认为父元素的宽度。

2) 行内元素

最典型的行内元素是<span>，常见的行内元素有<strong>、<em>、<del>、<a>等。行内元素具有如下特点：

(1) 每一个行内元素可以和别的行内元素共享一行，相邻的行内元素会排列在同一行里，只有一行排不下了，才会换行。

(2) 行内元素不能设置 width、height。

(3) 行内水平方向的 padding-left 和 padding-right 都会产生边距效果，竖直方向上的 padding-top 和 padding-bottom 都不会产生边距效果。

3) 元素类型转换

display 属性可用来转换元素类型，其常用属性值如表 4.7 所示。

表 4.7　display 的常用属性值

属性值	说　　明
block	显示为块元素
inline	显示为行内元素
inline-block	显示为行内块元素。可以设置宽高对齐等属性，但是不会独占一行
none	此元素不会被显示

2. 文档流概念

在 HTML 的布局中，元素自动按照从上到下、从左到右的顺序进行排列，这种排列方式被称为文档流。块元素在文档流中按照从上到下的顺序排列，行内元素在文档流中按照从左到右的顺序排列。

3. position 属性

position 属性用来指定元素的定位方式，其常用属性值如表 4.8 所示。

表 4.8　position 的常用属性值

属性值	说　明
absolute	绝对定位，即脱离源文档流相对其父对象进行定位
fixed	固定定位，即脱离源文档流相对浏览器窗口进行定位
relative	相对定位，即相对于源文档流中的位置进行定位
static	静态定位，默认值

对元素进行定位时，需要设置定位模式和边偏移。边偏移属性如表 4.9 所示，边偏移的属性值可以以 px 为单位，也可以是百分比的形式。

表 4.9　边偏移属性

属性	说　明
left	相对其父元素左边线的偏移量
right	相对其父元素右边线的偏移量
top	相对其父元素上边线的偏移量
botton	相对其父元素下边线的偏移量

【例 4-19】设置块元素与行内元素，代码如下：

```
<!DOCTYPE html>
<html lang="en">
<head>
    <meta charset="UTF-8">
    <title>块元素与行内元素</title>
    <style type="text/css">
        .son{
            width: 100px;
            height:100px;
            box-sizing: border-box;
            border: 1px dashed black;
            line-height: 100px;
            margin:10px;
            text-align: center;
            font-size: 36px;
        }
        .father{
            width: 120px;
            height: 450px;
            margin: 10px 50px;
            border: 1px solid #000;
```

```
            float:left;
            position: relative;    /*对子元素定位时，首先要将其父对象定位*/
        }
        .second{
            opacity: 0.5;
        }
        .static div{
            background-color: #ff3300;
        }
        .relative div{
            background-color: #ffcc00;
        }
        .relative .second{
            position: relative;
            top: 20px;
            left: 20px;
        }
        .absolute div{
            background-color: #33ccff;
        }
        .absolute .second{
            position: absolute;
            top: 20px;
            left: 20px;
        }
        .fixed div{
            background-color: #ccff99;
        }
        .fixed .second{
            position: fixed;
            top: 20px;
            left: 20px;
        }
    </style>
</head>
<body>
    <div class="father static">
        <div class="son">1</div>
```

```
        <div class="son second">2</div>
        <div class="son">3</div>
        <div class="son">4</div>
    </div>
    <div class="father relative">
        <div class="son">1</div>
        <div class="son second">2</div>
        <div class="son">3</div>
        <div class="son">4</div>
    </div>
    <div class="father absolute">
        <div class="son">1</div>
        <div class="son second">2</div>
        <div class="son">3</div>
        <div class="son">4</div>
    </div>
    <div class="father fixed">
        <div class="son">1</div>
        <div class="son second">2</div>
        <div class="son">3</div>
        <div class="son">4</div>
    </div>
</body>
</html>
```

例 4-19 中，自左到右分别对父对象中的子元素使用了 static、relative、absolute、fixed 的定位方式，效果如图 4.28 所示。

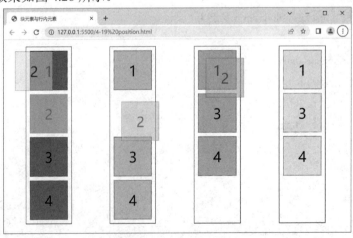

图 4.28　块元素与行内元素应用效果

4. z-index 属性

当元素发生重叠时,可以使用 z-index 属性设置其堆叠的顺序。z-index 的属性值默认为 0,也可取正整数或负整数。数值越大,定位的元素越靠上。

【例 4-20】 设置层叠属性,代码如下:

```
<!DOCTYPE html>
<html lang="en">
<head>
    <meta charset="UTF-8">
    <title>层叠属性</title>
    <style type="text/css">
        .father{
            width: 200px;
            height: 200px;
            border: 1px solid #000;
            margin: 20px;
            float: left;
            position: relative;
        }
        .son{
            width: 100px;
            height: 100px;
            border: 5px solid #000;
            position: absolute;
        }
        .one{
            background-color: #ff3300;
        }
        .two{
            top: 20px;
            left: 20px;
            background-color: #ffcc00;
        }
        .three{
            top: 40px;
            left: 40px;
            background-color: #33ccff;
        }
        .four{
            top: 60px;
```

```
            left: 60px;
            background-color: #ccff99;
        }
        .reverse .one{z-index: 3;}
        .reverse .two{z-index: 2;}
        .reverse .three{z-index: 1;}
    </style>
</head>
<body>
    <div class="father positive">
        <div class="one son">1</div>
        <div class="two son">2</div>
        <div class="three son">3</div>
        <div class="four son">4</div>
    </div>
    <div class="father reverse">
        <div class="one son">1</div>
        <div class="two son">2</div>
        <div class="three son">3</div>
        <div class="four son">4</div>
    </div>
</body>
</html>
```

例 4-20 中，左侧父对象中子对象按照默认的层叠顺序排列，右侧父对象中将 z-index 属性进行修改，效果如图 4.29 所示。

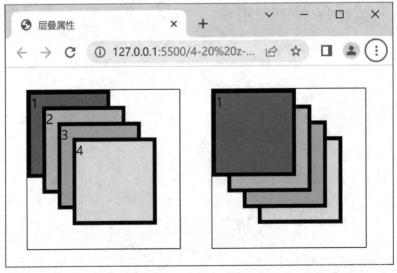

图 4.29　层叠属性应用效果

5. 元素的间距

1) 水平相邻块元素的间距

两个水平相邻块元素之间的间距为其外边距的加和。

2) 垂直相邻块元素的间距

两个垂直相邻块元素之间的间距为两者较大外边距的值。

如图 4.30 左侧所示,将第 1 个盒子的外边距设置为 10 px,第 2 个盒子的左外边距设置为 30 px,这两个盒子水平相邻时,间距为 10 px + 30 px = 40 px;如图 4.30 右侧所示,将第 2 个盒子的上外边距设置为 30 px,这两个盒子垂直相邻时,间距为较大的 30 px。

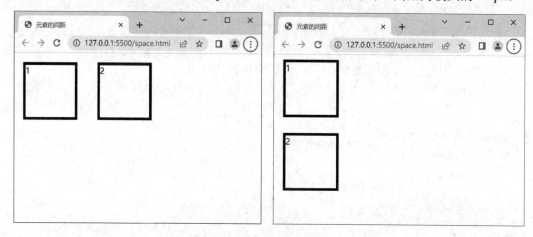

图 4.30　块元素的间距

使用 CSS + DIV 制作"旅行家——住宿"页面

步骤 1:布局页面。

(1) 创建 HTML 及 CSS 文件,并将其关联。

(2) 布局页面。本页面布局分为四个部分,分别为 header、banner、hotcity、hothotel 以及 footer。具体 HTML 代码如下:

```
<!DOCTYPE html>
<html lang="en">
<head>
    <meta charset="UTF-8">
    <title>住宿</title>
    <link rel="stylesheet" type="text/css" href="hotel.css">
</head>
<body>
    <!-- header -->
```

```html
        <header></header>
        <!-- banner -->
        <div class="banner"></div>
        <!-- 热门城市 -->
        <div class="hotcity"></div>
        <!-- 推荐住宿 -->
        <div class="hothotel"></div>
        <!-- footer -->
        <footer>Copyright © 2019-2030 郑州旅行家科技有限公司</footer>
    </body>
</html>
```

(3) 设置布局样式。根据整体布局，设置整体样式代码如下：

```css
/*整体样式*/
*{
        margin: 0px;
        padding: 0px;
        list-style: none;
        border: 0px;
        font-family: "微软雅黑";
}
a{
        text-decoration: none;
}
@font-face {
    font-family: 'iconfont';
    src: url('iconfont/iconfont.ttf');
}
.iconfont {
    font-family: "iconfont";
    font-size: 20px;
    font-style: normal;
}
```

步骤 2：制作页面头部模块。

(1) 布局头部，代码如下：

```html
<!-- header -->
    <header>
            <a href="#" class="left"><img src="images/logo.png"></a>
            <nav>
                <ul>
```

```
                <li><a href="#">首页</a></li>
                <li><a href="#">住房</a></li>
                <li><a href="#">美食</a></li>
                <li><a href="#">攻略</a></li>
                <li><a href="#">关于我们</a></li>
            </ul>
        </nav>
        <div class="right">
            <span class="iconfont">&#xe608; </span>
            <a href="#">登录</a>
            <span>|</span>
            <a href="#">注册</a>
        </div>
    </header>
```

(2) 设置头部样式，代码如下：

```
/*header 样式*/
header{
    width: 100%;
    height: 80px;
}
header .left{
    display: block;
    float: left;
    margin:0px 50px;
    height: 80px;
}
header .left img{
    height: 80px;
}
header nav{
    width: 450px;
    height: 80px;
    float: left;
}
nav ul li{
    float: left;
    height: 80px;
    line-height: 80px;
}
```

```
nav ul li a{
    display: block;
    height: 40px;
    line-height: 40px;
    margin-top: 20px;
    padding: 0px 20px;
    color: #333;
    font-size: 16px;
}
nav ul li a:hover{
    color: #FF6633;
    border-bottom: 3px solid #FF6633;
}
header .right{
    width: 150px;
    height: 80px;
    line-height: 80px;
    float: right;
    margin:0px 50px;
}
header .right a, header .right span{
    color: #000;
}
header .right a:hover{
    color: #FF6633;
}
header .right span:first-child{
    color: #FF6633;
}
```

步骤 3：制作 banner 模块。

(1) 布局 banner，代码如下：

```
<div class="banner">
        <img src="images/ms.jpg">
        <div class="search">
            <div class="search-in">
                <span id="city">目的地、城市</span>
                <span id="date">入住时间</span>
                <span id="btn">搜  索</span>
```

```
            </div>
        </div>
        <ul>
            <li>
                <h3>满足一家人住宿</h3>
                <h4>不论一家老小还是朋友几人</h4>
            </li>
            <li>
                <h3>家一般的舒适</h3>
                <h4>有客厅、有厨房、能洗衣、能做饭</h4>
            </li>
            <li>
                <h3>比酒店便宜 50%</h3>
                <h4>一套公寓=2 间酒店房间</h4>
            </li>
            <li>
                <h3>体验当地人生活</h3>
                <h4>本地房东帮你规划行程、做向导</h4>
            </li>
        </ul>
    </div>
```

(2) 设置 banner 样式，代码如下：

```
.banner{
    width: 100%;
    position: relative;
}
.banner img{
    display: block;
    width: 100%;
    height: 450px;
    min-width: 1280px;
}
.banner .search{
    width: 100%;
    height: 50px;
    position: absolute;
    bottom: 180px;
}
```

```css
.banner .search-in{
    width: 900px;
    height: 50px;
    margin: 0px auto;
    border: 1px solid #A9A9A9;
}
.banner .search span{
    display: block;
    height: 50px;
    line-height: 50px;
    float:left;
    font-size: 16px;
    box-sizing: border-box;
    padding-left: 20px;
    background-color: white;
    color: #A9A9A9;
}
.banner .search #city{
    width: 500px;
}
.banner .search #date{
    width: 300px;
    border-left: 1px solid #A9A9A9;
}
.banner .search #btn{
    width: 100px;
    background-color: #3FB384;
    color: #fff;
    font-weight: bold;
    padding-left: 0px;
    text-align: center;
}
.banner ul{
    width: 100%;
    height: 100px;
    background-color: #EDEFED;
}
```

```
.banner ul li{
    width: 25%;
    height: 100px;
    float: left;
    text-align: center;
}
.banner ul li h3{
    height: 30px;
    line-height: 30px;
    font-size: 20px;
    color: #333;
    font-weight: normal;
    margin-top: 25px;
}
.banner ul li h4{
    height: 20px;
    line-height: 20px;
    font-size: 16px;
    color: #999;
    font-weight: normal;
}
```

步骤 4：制作热门旅游城市模块。

(1) 布局热门城市，代码如下：

```
<div class="hotcity">
    <hgroup>
        <h1>热门旅游城市</h1>
        <h3>告别匆忙，给我们一个理由去旅行</h3>
    </hgroup>
    <div class="citybox">
        <ul class="small">
            <li><a href="#">北京</a></li>
            <li><a href="#">西安</a></li>
            <li><a href="#">桂林</a></li>
            <li><a href="#">黄山</a></li>
        </ul>
        <ul class="big">
            <li><a href="#">上海</a></li>
```

```
                    <li><a href="#">三亚</a></li>
                </ul>
            </div>
        </div>
```

(2) 设置热门城市样式，代码如下：

```css
/*热门城市样式*/
.hotcity{
    width: 100%
    height:520px;
    overflow: hidden;
}
.hotcity hgroup{
    width: 100%;
    height: 120px;
    margin: auto;
    padding-top: 40px;
    text-align: center;
}
.hotcity hgroup h1{
    height: 50px;
    line-height: 50px;
    font-size: 40px;
    font-weight: normal;
    color: #333;
}
.hotcity hgroup h3{
    height: 40px;
    line-height: 40px;
    font-size: 20px;
    font-weight: normal;
    color: #999;
}
.hotcity .citybox{
    width: 1200px;
    height: 370px;
    margin: auto;
}
.hotcity .citybox ul{
```

```
            float: left;
    }
    .hotcity .citybox .small{
            width: 620px;
            height: 370px;
            margin: auto;
    }
    .hotcity .citybox .small li{
            width: 300px;
            height: 180px;
            float: left;
            margin-right: 10px;
    }
    .hotcity .citybox .small li:first-child{
            background-image: url(images/bj.jpg);
            margin-bottom: 10px;\
    }
    .hotcity .citybox .small li:nth-child(2){
            background-image: url(images/qd.jpg);
            margin-bottom: 10px;
    }
    .hotcity .citybox .small li:nth-child(3){ background-image: url(images/dl.jpg); }
    .hotcity .citybox .small li:nth-child(4){ background-image: url(images/xm.jpg); }
    .hotcity .citybox ul li a{
            display: block;
            height: 180px;
            line-height: 180px;
            font-size: 32px;
            color: #fff;
            text-align: center;
    }
    .hotcity .citybox .big{
            width: 580px;
            height: 370px;
    }
    .hotcity .citybox .big li{
            width: 285px;
            height: 370px;
            float: left;
```

```css
}
.hotcity .citybox .big li:first-child{
    background-image: url(images/sh.jpg);
    background-size: contain;
    background-repeat: no-repeat;
    margin-right: 10px;
}
.hotcity .citybox .big li:last-child{
    background-image: url(images/sy.jpg);
    background-size: contain;
    background-repeat: no-repeat;
}
.hotcity .citybox .big li a{
    height: 370px;
    line-height: 370px;
}
```

步骤 5：制作推荐住宿模块。

(1) 布局推荐住宿，代码如下：

```html
<!-- 推荐住宿 -->
    <div class="hothotel">
        <hgroup>
            <h1>推荐住宿</h1>
            <h3>和你在另一个地方遇见美好</h3>
        </hgroup>
        <ul class="citylist">
            <li><a href="#">北京</a></li>
            <li><a href="#">上海</a></li>
            <li><a href="#">杭州</a></li>
            <li><a href="#">青岛</a></li>
            <li><a href="#">成都</a></li>
            <li><a href="#">西安</a></li>
            <li><a href="#">厦门</a></li>
            <li><a href="#">深圳</a></li>
            <li><a href="#">广州</a></li>
            <li><a href="#">桂林</a></li>
        </ul>
        <ul class="hotellist">
            <li>
                <img src="images/bjms1.jpg" class="photo">
```

```
        <div class="tag">
            <span>住宿免押金</span>
            <span>实拍</span>
        </div>
        <div class="score">4.9 分</div>
        <img src="images/woman.png" class="owner">
        <h3 class="name">独院民宿</h3>
        <h3 class="price">¥2886</h3>
        <h5>
            <span>3 室两厅 3 大床可入住 8 人</span>
            <span>36 条评论</span>
        </h5>
    </li>
    <li>
        <img src="images/bjms2.jpg" class="photo">
        <div class="tag">
            <span>住宿免押金</span>
            <span>实拍</span>
        </div>
        <div class="score">4.0 分</div>
        <img src="images/man.png" class="owner">
        <h3 class="name">文化园民宿</h3>
        <h3 class="price">¥359</h3>
        <h5>
            <span>1 室 1 大床可入住 2 人</span>
            <span>12 条评论</span>
        </h5>
    </li>
    <li>
        <img src="images/bjms3.jpg" class="photo">
        <div class="tag">
            <span>实拍</span>
        </div>
        <div class="score">4.0 分</div>
        <img src="images/woman.png" class="owner">
        <h3 class="name">地铁站 2 居室</h3>
        <h3 class="price">¥868</h3>
        <h5>
            <span>2 室厅 2 大床可入住 4 人</span>
            <span>35 条评论</span>
```

```
                    </h5>
                </li>
                <li>
                    <img src="images/bjms4.jpg" class="photo">
                    <div class="tag">
                        <span>住宿免押金</span>
                    </div>
                    <div class="score">4.0 分</div>
                    <img src="images/man.png" class="owner">
                    <h3 class="name">独门小院</h3>
                    <h3 class="price">¥1152</h3>
                    <h5>
                        <span>两室两厅 2 大床可入住 4 人</span>
                        <span>75 条评论</span>
                    </h5>
                </li>
            </ul>
            <a class="arrow left"><</a>
            <a class="arrow right">></a>
        </div>
```

(2) 设置推荐住宿样式，代码如下：

```
/*推荐住宿样式*/
.hothotel{
    width: 1200px;
    height:600px;
    margin: auto;
    position: relative;
}

.hothotel hgroup{
    width: 100%;
    height: 120px;
    margin: auto;
    padding-top: 40px;
    text-align: center;
}
.hothotel hgroup h1{
    height: 50px;
    line-height: 50px;
    font-size: 40px;
```

```
        font-weight: normal;
        color: #333;
    }
    .hothotel hgroup h3{
        height: 40px;
        line-height: 40px;
        font-size: 20px;
        font-weight: normal;
        color: #999;
    }
    /*城市导航*/
    .hothotel .citylist{
        width: 800px;
        height: 40px;
        margin: auto;
    }
    .hothotel .citylist li{
        width: 50px;
        height: 30px;
        margin: 0px 15px;
        float: left;
        text-align: center;
    }
    .hothotel .citylist li a{
        color: #333;
    }
    .hothotel .citylist li:hover{
        border-bottom: 3px solid #3FB384;
        font-weight: bold;
    }
    /*民宿列表*/
    .hothotel .hotellist{
        width: 1080px;
        height: 350px;
        margin: auto;
        position: relative;
    }
    .hothotel .hotellist li{
        box-sizing: border-box;
        width: 250px;
```

```
            height: 320px;
            float: left;
            margin:10px;
            padding: 9px;
            position: relative;
            border: 1px solid #999;
    }
    .hothotel .hotellist li .photo{
            display: block;
            width: 230px;
    }
    .hothotel .hotellist li .tag{
            width: 100%;
            height: 20px;
            color: #fff;
            font-size: 12px;
            position: absolute;
            top: 20px;
            left: 15px;
    }
    .hothotel .hotellist li .tag span{
            background-color: #3FB384;
            padding: 2px 5px;
    }
    .hothotel .hotellist li .score{
            width: 50px;
            height: 20px;
            line-height: 20px;
            border-radius:0px 15px 15px 0px;
            background-color: #ff4D00;
            padding-left: 10px;
            color: #fff;
            font-size: 14px;
            position: absolute;
            top: 155px;
    }
    .hothotel .hotellist li .owner{
            width: 50px;
            height: 50px;
            border-radius: 50%;
```

```
        border: 3px solid #fff;
        position: absolute;
        top: 150px;
        right: 10px;
    }
    .hothotel .hotellist li .name{
        height: 55px;
        margin-top: 20px;
        font-weight: normal;
    }
    .hothotel .hotellist li .price{
        height: 30px;
        line-height: 30px;
        color: #ff4D00;
    }
    .hothotel .hotellist li h5{
        height: 20px;
        line-height: 20px;
        font-weight: normal;
        color: #333;
    }
    .hothotel .hotellist li h5 span{
        padding-right: 5px;
    }
    .hothotel .arrow{
        display:block;
        width: 50px;
        height: 100px;
        font-size: 50px;
        text-align: center;
        color: #999;
        position: absolute;
        top: 340px;
    }
    .hothotel .arrow:hover{
        color: #3FB384;
    }
    .hothotel .left{
        left: 20px;
    }
```

```
.hothotel .right{
    right: 20px;
}
```

步骤 6：制作页脚模块。

设置页脚样式，代码如下：

```
footer{
    width: 100%;
    height：80px;
    line-height: 80px;
    text-align: center;
    background-color: #D3D3D3;
    color: #333;
    border-top: #999;
}
```

❖ 总 结 提 升 ❖

常见页面布局方式

　　盒子模型及其属性不但可以美化页面，还可以布局页面。在 HTML5 中提供了新的结构元素来布局页面。常用的页面布局方式包括静态布局、流式布局、弹性布局、网格布局、自适应布局、表格布局以及响应式布局。下面将对常用的页面布局方式作简单的介绍，并着重讲解弹性布局。

1. static 静态布局

　　静态布局是最传统 Web 页面布局方式，网页上的所有元素的尺寸一律使用 px 作为单位。大多数 PC 端网页都是采用静态布局方式，通常会设置一个 min-width，当窗口小于这个宽度时，就会出现滚动条。这种布局方式的优点是简单、稳定，但是对移动设备的兼容性较差。

　　【例 4-21】 静态布局页面，代码如下：

```
<!DOCTYPE html>
<html lang="en">
<head>
    <meta charset="UTF-8">
    <title>静态布局</title>
    <style type="text/css">
        *{text-align: center;}
        header, nav, article, aside, footer{
```

```
            background-color: #ccffcc;
            border: 2px solid #33cc99;
            box-sizing: border-box;
        }
        header, nav, footer{
            width: 1000px;
            height: 60px;
            line-height: 60px;
            margin: 10px auto;    /*水平方向外边距设置为 auto，并使盒子水平居中*/
        }
        div{
            width: 1000px;
            height: 200px;
            margin: 10px auto;
        }
        article{
            width: 600px;
            height: 200px;
            padding: 10px;
            float: left;
        }
        aside{
            width: 390px;
            height: 200px;
            float: right;
            padding: 10px;
        }
        section{
            width: 500px;
            height: 40px;
            background-color: #FFFFCC;
            margin: 10px auto;
            padding:10px;
        }
    </style>
</head>
<body>
    <header>header</header>
    <nav>nav</nav>
    <div>
```

```
            <article>article
                <section>section</section>
                <section>section</section>
            </article>
        <aside>aside</aside>
        </div>
        <footer>footer</footer>
    </body>
</html>
```

静态布局页面效果如图 4.31 所示。

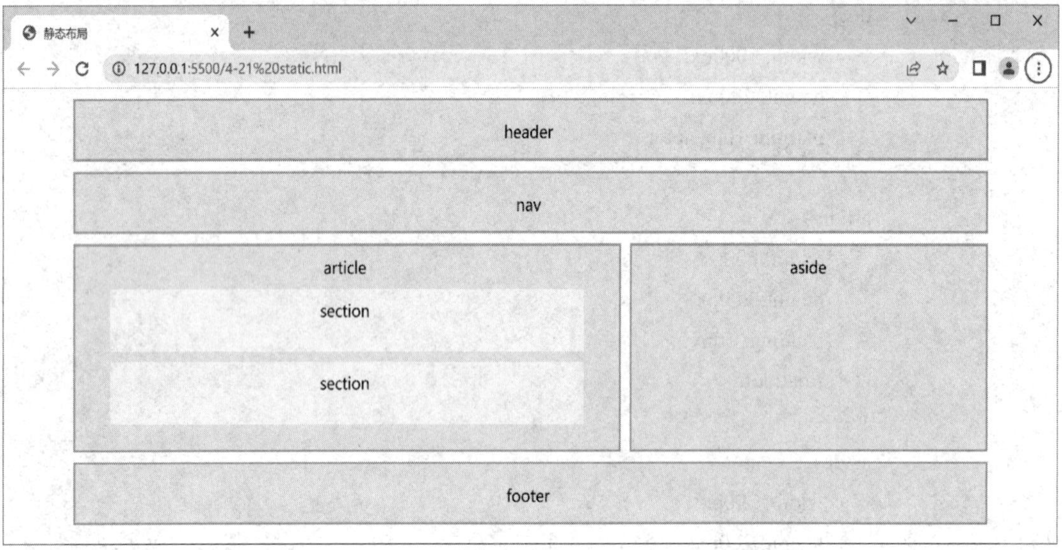

图 4.31　静态布局页面效果

2. Fluid 流式布局

流式布局使用百分比来定义盒子的宽度，用像素值来定义盒子的高度，以此增加页面的可塑性和流动性，以适应不同分辨率的屏幕。但对尺寸跨度较大的屏幕，流式布局的适应性和稳定性较差。流式布局常使用媒体查询和优化样式技术。

3. Flex 弹性布局

弹性布局是 CSS3 中基于弹性盒子的布局方式。引入弹性盒子布局模型的目的是，提供一种更加有效的方式来对一个容器中的子元素进行排列、对齐和分配空白空间。Flex 弹性布局是基于轴线结构的一维布局。弹性布局时，需要使用 display：flex 属性将容器定义为弹性盒子。

1) 弹性盒子结构

弹性盒子结构由两部分组成，分别是弹性容器(flex container)和弹性项目(flex item)；在容器中有两条重要的轴线，分别是水平的主轴(main axis)和垂直的交叉轴(cross axis)。项目默认沿主轴排列，单个项目占据的主轴空间叫作主轴尺寸(main size)，占据的交叉轴空间叫作交叉轴尺寸(cross size)。弹性盒子结构如图 4.32 所示。

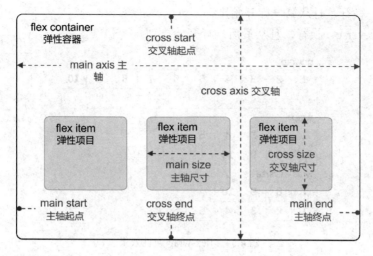

图 4.32 弹性盒子结构

在使用弹性盒子布局时,需要将盒子的 display 属性设置为 flex,弹性盒子将不再具有元素的 float、clear 和 vertical-align 属性。

2) 容器属性

容器具有六个属性,即 flex-direction、flex-wrap、flex-flow、justify-content、align-items 和 align-content。

(1) flex-direction。flex-derection 属性决定主轴的方向,即项目的排列方向。其基本语法格式如下:

.box {   flex-direction: row | row-reverse | column | column-reverse;}

flex-direction 属性有如下四个属性值:

① row(默认值):主轴为水平方向,起点在左端。

② row-reverse:主轴为水平方向,起点在右端。

③ column:主轴为垂直方向,起点在上沿。

④ column-reverse:主轴为垂直方向,起点在下沿。

flex-direction 属性效果如图 4.33 所示。

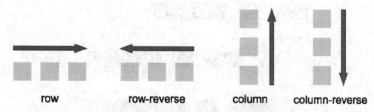

图 4.33 flex-direction 属性效果

(2) flex-wrap。flex-wrap 属性定义项目如果一条轴线排不下该如何换行。其基本语法格式如下:

.box{   flex-wrap: nowrap | wrap | wrap-reverse;   }

flex-wrap 有以下三个属性值,其效果如图 4.34 所示。

① nowrap:不换行。

② wrap：换行，且从第一行开始排列。

③ wrap-reverse：换行，且从最后一行开始排列。

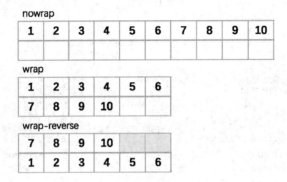

图 4.34　flex-wrap 属性效果

（3）flex-flow。flex-flow 属性是 flex-direction 属性和 flex-wrap 属性的复合写法，默认值为 row nowrap。其基本语法格式如下：

```
.box {   flex-flow: flex-direction   flex-wrap;   }
```

（4）justify-content。justify-content 属性定义了项目在主轴上的对齐方式。其基本语法格式如下：

```
.box {   justify-content: flex-start | flex-end | center | space-between | space-around;}
```

justify-content 有以下五个属性值：

① flex-start(默认值)：左对齐。

② flex-end：右对齐。

③ center：居中。

④ space-between：两端对齐，项目之间的间隔都相等。

⑤ space-around：每个项目两侧的间隔相等。所以，项目之间的间隔比项目与边框的间隔大一倍。

justify-content 属性效果如图 4.35 所示。

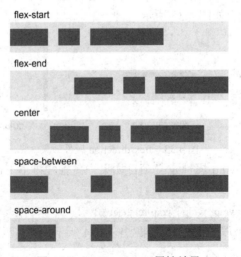

图 4.35　justify-content 属性效果

(5) align-items。align-items 属性定义项目在交叉轴上如何对齐。其基本语法格式如下：

.box {　align-items: flex-start | flex-end | center | baseline | stretch;}

align-items 有五个属性值，具体的对齐方式与交叉轴的方向有关。这里以交叉轴从上到下为例，具体如下：

① flex-start：交叉轴的起点对齐。

② flex-end：交叉轴的终点对齐。

③ center：交叉轴的中点对齐。

④ stretch(默认值)：如果项目未设置高度或设为 auto，将占满整个容器的高度。

⑤ baseline：项目的第一行文字的基线对齐。

align-items 属性效果如图 4.36 所示。

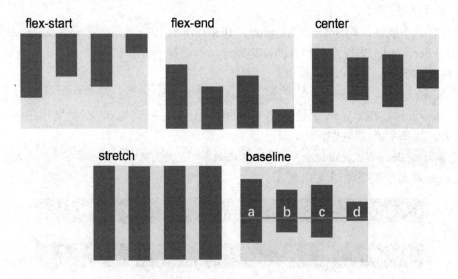

图 4.36　align-items 属性效果

(6) align-content。align-content 属性定义了多根轴线的对齐方式。如果项目只有一根轴线，则该属性不起作用。其基本语法格式如下：

.box {　align-content: flex-start | flex-end | center | space-between | space-around | stretch;}

align-content 属性有以下六个属性值：

① flex-start：与交叉轴的起点对齐。

② flex-end：与交叉轴的终点对齐。

③ center：与交叉轴的中点对齐。

④ stretch(默认值)：轴线占满整个交叉轴。

⑤ space-between：与交叉轴两端对齐，轴线之间的间隔平均分布。

⑥ space-around：每根轴线两侧的间隔都相等。所以，轴线之间的间隔比轴线与边框的间隔大一倍。

align-content 属性效果如图 4.37 所示。

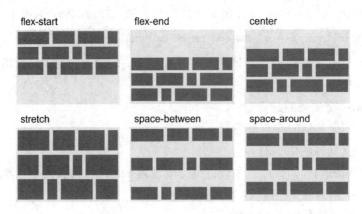

图 4.37　align-content 属性效果

3) 项目属性

项目有六个属性，即 order、flex-grow、flex-shrink、flex-basis、flex 和 align-self。

(1) order。order 属性定义项目的排列顺序，数值越小，排列越靠前，默认为 0。其基本语法格式如下：

```
.item {  order: integer ;}                 /* integer 指整数*/
```

(2) flex-grow。flex-grow 属性定义项目的放大比例，默认为 0，即如果存在剩余空间，也不放大。其基本语法格式如下：

```
.item {  flex-grow: number; }              /* number 不能为负值*/
```

flex-grow 属性效果如图 4.38 所示。

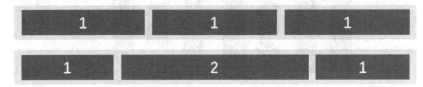

图 4.38　flex-grow 属性效果

如图 4.38 所示，如果所有项目的 flex-grow 属性都为 1，则它们将等分剩余空间(如果有的话)；如果一个项目的 flex-grow 属性为 2，其他项目都为 1，则前者占据的剩余空间将比其他项多一倍。

(3) flex-shrink。flex-shrink 属性定义了项目的缩小比例，默认为 1，即如果空间不足，则该项目将缩小。如果所有项目的 flex-shrink 属性都为 1，当空间不足时，都将等比例缩小。如图 4.39 所示，如果一个项目的 flex-shrink 属性为 0，其他项目都为 1，则空间不足时，前者不缩小。其基本语法格式如下：

```
.item {  flex-shrink: number;  }           /* number 不能为负值 */
```

1	2 flex-shrine:0	3	4	5	6	7	8	9	10

图 4.39　flex-shrink 属性效果

(4) flex-basis。flex-basis 属性定义了在分配多余空间之前，项目占据的主轴空间(main

size)。它可以设为与 width 或 height 属性一样的值(比如 350px),则项目将占据固定空间。浏览器根据这个属性,计算主轴是否有多余空间。它的默认值为 auto,即项目的本来大小。其基本语法格式具体如下:

```
.item {    flex-basis: length | auto; }
```

(5) flex。flex 属性是 flex-grow、flex-shrink 和 flex-basis 的复合写法,默认值为 0 1 auto;后两个属性可选。flex 属性有两个快捷值,分别是 auto (1 1 auto)和 none (0 0 auto)。建议使用此复合写法,其基本语法格式如下:

```
.item {    flex: none    [flex-grow | flex-shrink    flex-basis ];}
```

(6) align-self。align-self 属性允许单个项目有与其他项目不一样的对齐方式,可覆盖 align-items 属性。默认值为 auto,表示继承父元素的 align-items 属性,如果没有父元素,则等同于 stretch。其基本语法格式如下:

```
.item {    align-self: auto | flex-start | flex-end | center | baseline | stretch;}
```

item 属性有六个属性值,与容器的 align-items 属性的属性值相同。

如图 4.40 所示,第 1、2、4 个盒子在交叉轴起点对齐,使用 align-item 属性将第 3 个盒子设置为交叉轴终点对齐。

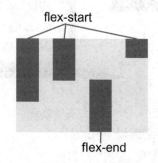

图 4.40　align-self 属性效果

4. grid 网格布局

grid 网格布局是基于单元格结构的二维(行和列)布局方式。之前使用网格布局需要在页面中布局 table,现在可以直接使用 display:grid 属性,定义网格布局容器。

图 4.41 所示是一个网格结构,包括行、列、单元格以及网格线。其中采用网格布局的区域被称为容器,内部采用网格定位的对象称为项目。注意:项目只能是容器的顶层子元素,不包含项目的子元素。

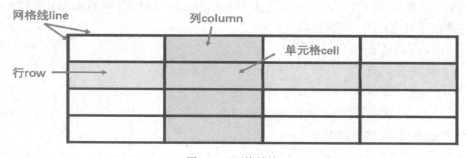

图 4.41　网格结构

5. Adaptive 自适应布局

自适应布局是指可以自动识别屏幕宽度，并作出相应调整的网页设计。自适应布局效果如图 4.42 所示。当使用自适应布局时，首先需要在网页头部加上以下代码：

```
<meta name="viewport" content="width=device-width, initial-scale=1" />
```

图 4.42　自适应布局效果

在使用自适应布局时，还需要注意以下几点：

(1) 设置宽度时，不采用绝对数值。

(2) 设置字体大小时，使用 em 单位，不能使用 px 单位。

(3) 使用 float 设置流动布局。

(4) 引入 CSS3 的 MediaQuery 模块，自动探测屏幕宽度，并加载相应的 CSS 文件或利用@media 使用不同的 CSS 设置。

(5) 设置图片自适应。

6. table-cell 表格布局

我们常见的手机通信列表、聊天记录列表页面都可使用 table-cell 布局。使用 table-cell 表格布局，需要将父元素的 display 属性设置为 table/table-cell。使用 table-cell 表格布局时，需要注意以下几点：

(1) 对宽度高度敏感。

(2) margin 值无效。

(3) 可实现等高布局。

(4) 可使用传统表格样式，如 table-layout。

7. Responsive 响应式布局

响应式布局是一种结合弹性布局、网格布局与自适应布局的优势，可以很好兼容不同屏幕终端的布局方式。通常，我们使用 Bootstrap 响应式布局。Bootstrap 是一款功能强大的 Web 前端开发框架，不仅可以实现响应式布局，而且提供了大量的组件定义页面样式。Bootstrap 的具体使用方法可参照 Bootstrap 官方网站 https://v3.bootcss.com/。

❖ 拓展训练 ❖

制作"GL 美拍"网站——"用户评价模块"效果

依据前面所讲知识，制作的"GL 美拍"网站——"用户评价模块"效果如图 4.43 所示。

图 4.43 "用户评价模块"效果

制作步骤如下：

步骤 1：创建 common.css 文件。

(1) 在 css 文件夹中创建 common.css 文件，此文件用来标记清除选择器中列出的所有标记默认样式设置。

(2) 编写 common.css 文件，代码如下：

```
@charset "UTF-8";
@import "font-awesome.min.css";
/* 清除元素默认的内边距和外边距 */
body, div, dl, dt, dd, ul, ol, li, h1, h2, h3, h4, h5, h6, pre, code, form, fieldset, legend, input, button,
textarea, p, blockquote, th, td, video {
    margin: 0;
    padding: 0;
}
a, div, font, h1, h2, h3, h4, h5, h6, input, option, p, select, span {
    font-family: "Microsoft YaHei", sans-serif;
    font-weight: 300;
```

```css
    text-transform: capitalize;
    font-style: normal;
    text-decoration: none;
}
div, font, h1, h2, h3, h4, h5, h6, input, option, p, select, span {
    cursor: default;
}
html {
    font-size: 16px;
}
body {
    overflow-x: hidden;
    color: #111111;
    font-family: "\5FAE\8F6F\96C5\9ED1";
    font-size: 14px;
    -webkit-font-smoothing: antialiased;
    -moz-osx-font-smoothing: grayscale;
}
* {
    list-style: none;
    direction: none;
}
img {
    width: 100%;
    vertical-align: middle;
}
a {
    text-decoration: none;
    color: #333;
}
a:hover {
    text-decoration: none;
}
input {
    outline: none;
}
```

步骤 2：搭建 HTML 文档结构。

(1) 在 MeiPai 文件夹中打开 index.html 文件，并在标记<head>里引入 common.css 文件，放到 index.css 前边。

(2) 用户评价模块基本 HTML 结构如下：

```html
<!DOCTYPE html>
<html lang="zh-CN">
<head>
  <meta charset="UTF-8">
  <meta http-equiv="X-UA-Compatible" content="IE=edge">
  <title>GL 美拍 - 首页</title>
  <!-- 引入通用的 common.css 文件 -->
  <link rel="stylesheet" href="css/common.css">
  <!-- 引入自身的 css 文件 index.css -->
  <link rel="stylesheet" href="css/index.css">
</head>
<body>
    <!-- 4. 视频简介模块 start -->
    <div class="main main-intro">...
    </div>
    <!-- 4. 视频简介模块 end -->


    <!-- 9. 用户评价模块 start -->
    <div class="main-ping">
        <h2>真实用户评价 不止是拍得好</h2>
        <div class="b-box">
          <a href="#" class="btn active">查看更多真实好评</a>
        </div>
        <ul class="list">
          <li class="list-item">
            <a href="#">
              <div class="info">
                <div class="no">1</div>
                <div class="date">March 14 - 2022</div>
              </div>
              <div class="brief">
                很满意哦，化妆老师特别棒，每个造型妆容都特别仔细，我个人非常喜欢，服
务非常好，很喜欢小姐姐。摄影老师技术特别棒，每张底片都很棒，优秀，棒棒的。
              </div>
              <div class="img">
                <img src="images/comment01.jpg" alt="">
              </div>
              <div class="user">
              ***暖
              </div>
```

```html
        </a>
      </li>
      <li class="list-item">
        <a href="#">
          <div class="info">
            <div class="no">2</div>
            <div class="date">March 24 - 2022</div>
          </div>
          <div class="brief">
            非常满意的一天，非常感谢摄影师王老师，化妆师悦悦，超级感谢，非常辛苦
的一天，来来回回帮忙，非常贴心，服务态度也特别好，之前会有担心，但是拍完之后还是非常
满意的！
          </div>
          <div class="img">
            <img src="images/comment02.jpg" alt="">
          </div>
          <div class="user">
            ***寒
          </div>
        </a>
      </li>
      <li class="list-item">
        <a href="#">
          <div class="info">
            <div class="no">3</div>
            <div class="date">February 26 - 2022</div>
          </div>
          <div class="brief">
            从网上预订的婚纱照，和最爱的人来到三亚，风景好，门店环境好，服务周到，
热情，所有的老师们都很尽心尽力，全程为我们提供优质的服务，我们都累了，老师们还在兢兢
业业，在这里表示真挚的谢意！
          </div>
          <div class="img">
            <img src="images/comment03.jpg" alt="">
          </div>
          <div class="user">
            ***乐
          </div>
        </a>
      </li>
```

```
                    <li class="list-item">
                      <a href="#">
                        <div class="info">
                          <div class="no">4</div>
                          <div class="date">February 23 - 2022</div>
                        </div>
                        <div class="brief">
```
万分感谢美拍的化妆师秋乐和摄影师小玉，还有一个欢脱的摄影助理小何，很
高兴和你们一起完成这次旅拍，大理一直是我梦寐以求的地方，这次终于来了，三月，我们共赴
一场花间喜事!你们是最棒的！
```
                        </div>
                        <div class="img">
                          <img src="images/comment04.jpg" alt="">
                        </div>
                        <div class="user">
                          小***悦
                        </div>
                      </a>
                    </li>
                  </ul>
                </div>
                <!-- 9. 用户评价模块  end -->


                <!-- 12. 底部模块  start -->
                <div class="footer">...
                </div>
              </body>
            </html>
```

步骤 3：美化"用户评价模块"效果。

(1) 打开 MeiPai 文件夹中的 index.css 文件。

(2) 在 index.css 文件中添加"用户评价模块"样式，并将其放到"12.2 联系方式"样式的上边，"4. 视频简介模块"样式的下边。其 CSS 代码如下：

```
/* 4. 视频简介模块*/

/* 9. 用户评价模块 */
h2 {
    font-size: 32px;
    line-height: 32px;
    text-align: center;
}
```

```css
.main-ping {
    margin-top: 0;
    margin-bottom: 40px;
    padding-top: 40px;
    padding-bottom: 40px;
    background-color: #fff;
}
.main-ping .b-box {
    text-align: center;
}
.main-ping .list {
    width: 88%;
    margin: 0 auto;
    display: flex;
}
.main-ping .list .list-item {
    width: 25%;
    border-right: 1px solid #0ab4cb;
    padding: 20px 20px 0;
}
.main-ping .list .list-item:last-child {
    border-right: 0;
}
.main-ping .list .list-item .info {
    display: flex;
    align-items: center;
    justify-content: space-between;
}
.main-ping .list .list-item .info .no {
    font-family: Arial, Helvetica, sans-serif;
    font-size: 70px;
    color: #0ab4cb;
    font-weight: 700;
}
.main-ping .list .list-item .info .date {
    color: #333;
}
.main-ping .list .list-item .brief {
    color: #333;
    text-align: justify;
```

```
    height: 125px;
    overflow: hidden;
    margin-bottom: 20px;
}
.main-ping .list .list-item .img {
    margin-bottom: 10px;
}
.main-ping .list .list-item .user {
    text-align: center;
    color: #333;
}
.main-ping .list .list-item .user::before {
    content: '@';
}
/* 12.2 联系方式 */
```

说明：

在制作"GL 美拍"网站——"用户评价模块"效果过程中，需要注意以下几点：

(1) 学会灵活运用 Flex 布局。

(2) 每个网站在设计时都会有清除默认设置的通用文件 common.css，这个文件可以适用在任何网站。

(3) 理解::before 的作用。

项目 5

布局交互功能——表单的应用

❖ 学 习 目 标 ❖

❖ 知识目标

- 掌握利用表单标签在页面创建表单的方法。
- 掌握各种表单控件的定义与应用。
- 掌握表单标签的属性。

❖ 能力目标

- 能够根据需要创建表单控件。
- 能够自由组合表单中的各个元素。

❖ 项 目 导 入 ❖

"旅行家——登录注册"页面效果展示

在网页中，我们经常看到各种注册登录页面，其中用户名、密码等输入内容被称为表单。HTML5 中提供表单标签，完成页面信息输入的功能，实现网页与用户数据的交互。本项目将使用这些元素制作"旅行家登录"页面。完成效果如图 5.1 所示。

图 5.1 "旅行家——登录注册"页面

网站的核心对象是用户，网站的应用除了可以对画面、文字、视频等内容进行展示外，也可以收集用户的输入信息，保存或显示在网页的相应位置。几乎所有的网站都有注册和登录页面，用户一般需要填写表格输入信息来完成登录或注册，这个表格就是网页的表单。网页需要借助表单实现与用户的交互。

网站中常见的表单功能模块包括注册、登录、用户信息表、留言功能等。在过去的版本中，表单的应用经常需要伴随复杂的 JavaScript 代码，而 HTML5 简化了这一部分。

一、表单标签\<form\>

表单是网页上的特定区域，是表单控件的集合，主要负责从客户端收集用户的输入信息，然后将信息发送给服务器，由处理程序对数据进行分析，并给出反馈，完成服务器与用户之间的互动。表单的工作机制如图 5.2 所示。

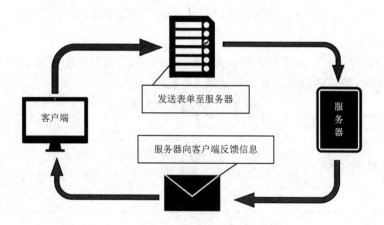

图 5.2　表单的工作机制

表单所在的区域由文本框、单选框、多选框、下拉选择框、提交按钮、重置按钮等表单元素构成，并需要用一对表单标签\<form\>定义。

其基本语法格式如下：

```
<form name="表单名称"method="提交方式"action="url 地址">
    表单元素
</form>
```

1. 表单属性

根据实际应用不同，表单的组成元素多种多样，其中 name、method、action 是\<form\>标签的常用属性。

1) 表单名称属性 name

name 属性给表单命名，区分一个页面中的多个表单，避免表单信息提交给后台时出现混乱。其命名规则为：

(1) name 的属性值为表单名称，不能包含特殊符号和空格。

(2) 不同表单选择不同的名称。为了一目了然，名称尽量和实际操作相关。例如，登录表单的 name 属性可定义为 login。

2) 传送方法属性 method

method 属性用来定义表单数据的提交方式，可取值为 get 或 post，决定了处理程序用什么方式从表单中获取信息。

二者的差异在于：

(1) 用 get 方式提交，数据附加在 URL 之后由用户端直接发送至服务器，保密性较差且有数量限制，但速度较快。

(2) post 方式将表单数据和 URL 分开发送，用户端通知服务器来读取数据，数据的保密性较好，同时允许大量数据的提交，但速度较慢。

在没有指定 method 属性值的情况下，默认值为 get。

3) 处理程序属性 action

action 属性定义处理表单的脚本或程序，其属性值可以是脚本或程序的完整 URL，即表单要提交的地址。这个地址可以是绝对地址，也可以是相对地址。

2. 表单元素

表单中通常包含一个或多个表单元素，除 input 外，HTML 还有其他常用表单元素，如 textarea、label 等。常用的表单元素如表 5.1 所示。

表 5.1　常用表单元素

表单元素	功　　能
input	根据 type 属性值的不同有多种形式，可定义文本框、密码框、复选框、按钮等
textarea	定义一个多行文本输入区域
label	为其他表单元素定义说明文字
select	定义下拉菜单
datalist	定义下拉选项列表

二、输入标签<input>

表单中最核心的是<input>标签，使用<input>标签可以定义用户的输入项，如文本输入框、单选按钮、复选框、提交按钮等，用于文本、数字、密码等数据信息的输入。

<input>标签是一个单标签，必须嵌套在表单标签中使用。其基本语法格式为：

```
<input type="控件类型" />
```

1. type 属性

在 input 标签的基本语法中，type 属性(见表 5.2)是其最基本的属性。根据 type 属性不同的取值，可以指定不同的控件类型。

表 5.2　type 属性

属 性 值	说　明	属 性 值	说　明
text	单行文本框	file	文件域
password	密码框	email	电子邮件地址输入域
radio	单选按钮	url	URL 地址输入域
checkbox	复选框	number	数值输入域
button	普通按钮	range	范围内数值输入域
submit	提交按钮	date, month, week, time, datetime, datetime-local	日期、时间输入域
reset	重置按钮	search	搜索域
image	图像提交按钮	color	颜色选择域
hidden	隐藏域	tel	电话号码输入域

1) 单行文本框 text 与密码框 password

单行文本框可以用来输入字符串；密码框可以用来输入密码，为了保护密码安全，密码框中输入字符会显示为"*"。单行文本框与密码框语法格式如下：

```
<input  type="text/number/password"  name=" 名称"size=" 文本框长度"maxlength="最长字符数"value="默认取值"  placeholder="提示语句"/>
```

常用的属性如下：

- name 属性：定义文本框的名称。
- size 属性：定义文本框的长度，以字符为单位。
- maxlength 属性：定义文本框中最多可以输入的字符数。
- value 属性：定义文本框显示的默认值。
- placeholder 属性：定义文本框提示语句。

【例 5-1】　创建文本密码输入框，代码如下：

```
<!DOCTYPE html>
<html>
<head>
    <title>输入文本及密码</title>
</head>
<body>
    <form>
        用户名：
        <input type="text" name="userID" size="20" placeholder="请输入用户名或手机号" />
        <br>
        密码：
        <input type="password" name="userPW" size="20" placeholder="请输入 8-20 位密码" />
```

```
        </form>
    </body>
    </html>
```

利用<input>标签设置文本框及密码框的效果如图 5.3 所示。输入密码，可见密码字符显示为"……"，如图 5.4 所示。

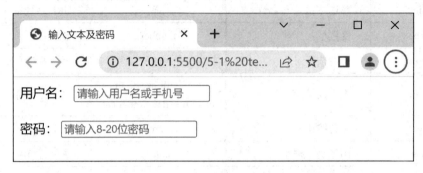

图 5.3　利用<input>标签设置文本框及密码框的效果

图 5.4　在文本框及密码框中输入字符

2) 数值 number、电话号码 tel 及电子邮件地址 email 控件

除了文本和密码控件，还可以使用数值 number、电话号码 tel 及电子邮件地址 email 等类型的控件。在使用这些控件时，可以自动验证输入的文本类型，如果输入数据不符合控件类型，将无法提交数据，并显示错误提示语句，如图 5.5 所示。其语法格式与常用属性和文本控件相似。

图 5.5　邮箱控件数据验证

3) 单选按钮 radio 与复选框 checkbox

在网页表单中，经常会出现单选或复选，这些可由 input 控件中单选按钮 radio 或复选框 checkbox 类型实现。

- 单选按钮(radio)：允许用户在多个选项中选择其中一个，如性别。
- 复选框(checkbox)：允许用户在多个选项中选择多个，如兴趣、爱好。

使用单选按钮及复选框的语法格式如下：

```
<input type="radio/checkbox" name="单选按钮名称" value="选项值"checked="checked" />
```

其中：

name：定义名称。一组单选按钮或复选框的名称应当相同。

value：定义选项的值。用户选中后该值将传送到处理程序中。

checked：默认选项。

【例 5-2】 设置单选按钮与复选框，代码如下：

```
<!DOCTYPE html>
<html>

<head>
    <title>单选按钮与复选框</title>
</head>
<body>
    <form>
        性  别：
        <!-- radio 单选按钮组  -->
        <input type="radio" name="gender" value="male" checked="checked" />男
        <input type="radio" name="gender" value="female" />女<br />
        爱  好：
        <!-- checkbox 复选框组  -->
        <input type="checkbox" name="hobits" value="music" />音乐
        <input type="checkbox" name="hobits" value="movie" />电影
        <input type="checkbox" name="hobits" value="travel" />旅行
        <input type="checkbox" name="hobits" value="photo" />摄影
        <input type="checkbox" name="hobits" value="sport" />运动
    </form>

</body>
</html>
```

单选按钮与复选框应用效果如图 5.6 所示。

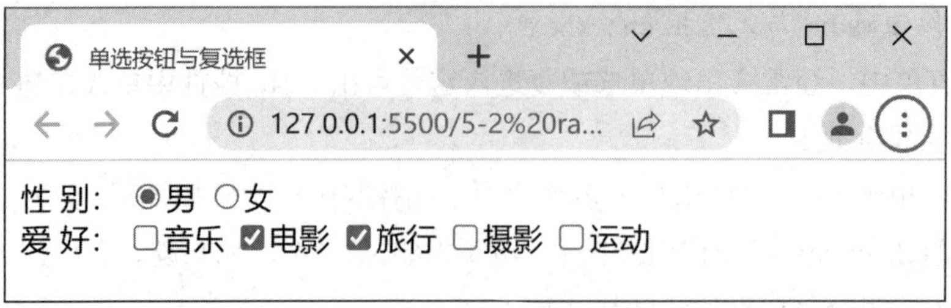

图 5.6　单选按钮与复选框应用效果

4) 日期与时间相关控件

在表单中，我们还经常需要提交日期与时间相关数据。在 input 控件中，可以使用 datetime 类型控件输入日期、时间，也可以使用 date、datetime-local、month、time、week 等类型的控件实现日期或时间的选择。

【例 5-3】　使用日期和时间相关控件，代码如下：

```html
<!DOCTYPE html>
<html>
<head>
    <title>日期和时间相关控件</title>
</head>
<body>
    <form>
        datetime 控件
        <input type="datetime">
        <br><br>
        date 控件
        <input type="date">
        <br><br>
        datetime-local 控件
        <input type="datetime-local">
        <br><br>
        month 控件
        <input type="month">
        <br><br>
        time 控件
        <input type="time">
        <br><br>
        week 控件
        <input type="week">
    </form>
</body>
</html>
```

日期和时间相关控件应用效果如图 5.7 所示。其中，datetime 控件通过输入方式填写日期，其他控件均可通过菜单选择输入日期、时间等。例如，单击 date 控件右侧图标，可弹出下拉菜单选择日期，如图 5.8 所示。

图 5.7 日期和时间相关控件应用效果   图 5.8 date 控件应用效果

5) file 控件

在网页表单中，当需要上传文件或图片文件时，可以使用 file 类型的 input 控件。

【例 5-4】 使用 file 控件上传文件，代码如下：

```html
<!DOCTYPE html>
<html>
<head>
    <title>文件上传</title>
</head>
<body>
    <form>
        上传文件：
        <input type="file" name="uploadfile">
    </form>
</body>
</html>
```

文件上传应用效果如图 5.9 所示。当单击页面中"选择文件"按钮时，会弹出"打开"对话框，选择需要上传的文件，结果如图 5.10 所示。

图 5.9 文件上传应用效果

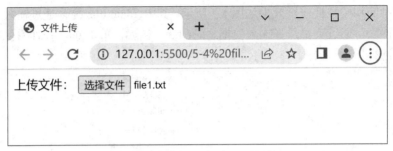

图 5.10　选择需要上传的文件结果

6) 按钮控件

网页中需要使用按钮对已经填写的数据进行处理，执行提交、取消、重置、退出等操作。在 HTML5 中，表单按钮控件主要有：

• button：普通按钮。普通按钮使用时，需要设置触发事件完成相关操作。

• submit：提交按钮。单击可执行提交操作。

• reset：重置按钮。单击可执行重置操作，清除表单中输入的内容。

按钮类型控件的主要参数如下：

• name：设置按钮名称。

• value：设置按钮上的显示文字。

【例 5-5】　使用按钮控件，代码如下：

```html
<!DOCTYPE html>
<html>
<head>
    <title>使用按钮控件</title>
    <style>
    </style>
</head>
<body>
    <form>
        手机号：<input type="tel" name="tel" />
        <br>
        验证码：<input type="number" name="vcode" />
        <input type="button" value="点击获取验证码" />
        <br>
        密   码：
        <input type="password" name="password" />
        <br>
        <input type="submit" name="login" value="登录">
    </form>
</body>
</html>
```

按钮控件应用效果如图 5.11 所示。

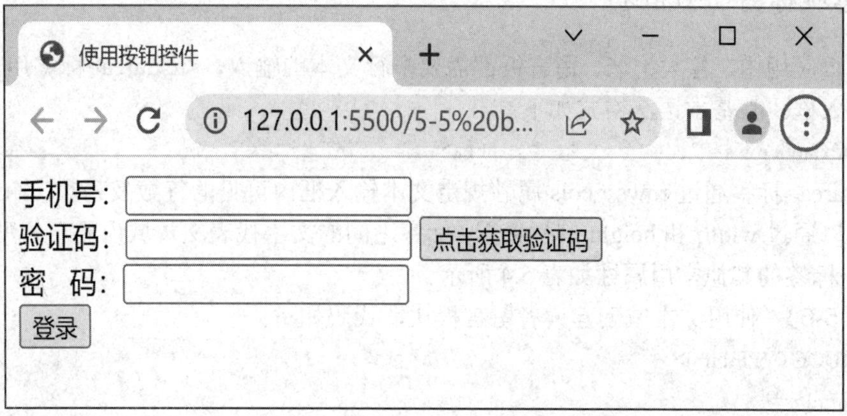

图 5.11　按钮控件应用效果

2. 其他属性

除 type 属性外，<input>标签还有很多其他属性，如 name、value、size 等。input 标签的其他属性如表 5.3 所示。

表 5.3　<input>标签的其他属性

属 性 名	属 性 说 明	属 性 值
type	控件类型	text、password 等
name	控件名称	用户自定义
value	input 控件中默认的文本值	用户自定义
size	input 控件在页面中显示的宽度	正整数
readonly	控件内容为只读类型	readonly
disabled	第一次加载页面时禁用该控件(显示为灰色)	disabled
checked	定义控件中的默认被选中的选项	checked
maxlength	控件允许输入的最多字符数	正整数
autocomplete	是否自动完成表单自动内容	on/off
autofocus	定义页面加载后控件是否自动获取焦点	autofocus
form	设定控件隶属于哪个或哪些表单	form 元素的 id
list	定义控件的候选数据值列表	datalist 元素的 id
multiple	定义控件是否可以选择多个值	multiple
min、max、step	规定输入框所允许的最大值、最小值及间隔	数值
pattern	验证输入的内容是否与定义的正确内容匹配	字符串
placeholder	在输入框内显示提示信息	字符串
required	设定输入框内容不能为空	required

三、文本域标签<textarea>

在网页应用中，各大论坛、留言板都需要多行文本的输入，<textarea>标签用于定义多行文本输入框。其基本语法格式如下：

```
<textarea rows="" cols="">文本 </textarea>
```

<textarea>标签通过 rows、cols 属性规定文本输入框内可见的行数及列数，输入框的具体尺寸可以通过 width 和 height 属性设置，标签之间的文字代表文本域内显示的默认文字。<textarea>标签的其他常用属性如表 5.4 所示。

【例 5-6】 使用文本域创建读者留言板块，代码如下：

```
<!DOCTYPE html>
<html>
<head>
    <title>文本域</title>
</head>
<body>
    <form>
        <h2>读者留言：</h2>
        <textarea name="userMessage" cols="40" rows="10">请在此处留言……
        </textarea>
    </form>
</body>
</html>
```

表 5.4　<textarea>标签的常用属性

属 性 名	属 性 说 明	属 性 值
name	文本域名称	用户自定义
readonly	文本域内容为只读类型	readonly
disabled	第一次加载页面时禁用该控件(显示为灰色)	disabled
maxlength	文本域允许输入的最多字符数	正整数
autofocus	定义页面加载后控件是否自动获取焦点	autofocus
placeholder	在输入框内显示提示信息	字符串
required	设定输入框内容不能为空	required
cols	定义文本域内可见列数	number
rows	定义文本域内可见行数	number
height	定义文本域的高度	number
width	定义文本域的宽度	number

使用文本域创建读者留言框的效果如图 5.12 所示。

图 5.12 使用文本域创建读者留言框的效果

四、标注(标记)标签<label>

无论是注册表还是其他数据输入页面,文本输入框的前面都需要文字注释,说明需要填写的内容。如果直接单击文字则可选中选项,使用户操作更加便捷,而完成这一功能的就是<label>标签。<label>标签用于定义标注文字,当用户选择该标签文字时,浏览器会自动将页面焦点转到与标签相关的表单控件上。

<label>标签的基本语法格式如下:

```
<label for="">文本 </label>
```

标签属性 for 的属性值与相关控件的 id 属性值相同,相同的属性值将<label>标签与其他控件"绑定"在一起。

【例 5-7】 为"性别"单选按钮添加标签,代码如下:

```
<!DOCTYPE html>
<html>
<head>
    <title>标注标签</title>
</head>
<body>
    <form>
        性 别:
        <input type="radio" name="gender" id="male" value="male" checked="checked" />
        <label for="male">男</label>
        <input type="radio" name="gender" id="female" value="female" />
        <label for="female">女</label>
    </form>
</body>
</html>
```

为"性别"单选按钮添加标签的效果如图 5.13 所示。单击标记文字"女",单选按钮同样被选中,这就是<lable>标签绑定了 id 为"female"的<input>标签。除了<input>标签,绑定功能也同样适用于表单控件的其他标签,如<textarea>等。

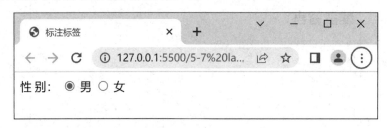

图 5.13 为"性别"单选按钮添加标签的效果

五、下拉菜单标签<select>

在表单的应用中经常遇到利用下拉菜单提供多个选项供用户选择的情况,此时可以用<select>标签创建单选或多选的下拉菜单。其基本语法格式如下:

```
<select>
    <option value = " ">选项 1</option>
    <option value = " ">选项 2</option>
    <option value = " ">选项 3</option>
</select>
```

在<select>标签的语法规则中,<option>标签是<select>标签的重要组成,用于定义列表中的备选项;同时,利用标签其他属性可以定义下拉菜单的显示效果。当下拉菜单实现多选功能时,多选的方法是按住 Ctrl 键的同时选择多个选项。<select>标签的常用属性如表5.5 所示。

表 5.5 <select>标签的常用属性

属 性 名	属 性 说 明	属 性 值
size	定义下拉菜单的可见选项数	正整数
multiple	定义下拉菜单是否有多选功能	multiple
selected	定义选项是否为默认选中状态	selected
value	定义控件的值,用于服务器端程序处理	选项的值

【例 5-8】创建"职业"单选下拉菜单及"特长"多选下拉菜单,代码如下:

```
<!DOCTYPE html>
<html>
<head>
    <title>下拉菜单</title>
</head>
<body>
    <!-- 单选下拉菜单 -->
```

```
职业(单选)：<br />
<select>
    <option>请选择</option>
    <option selected="selected">学生</option>
    <option>教师</option>
    <option>公务员</option>
    <option>职员</option>
    <option>自由工作者</option>
</select>
<br />
<!-- 多选下拉菜单，可设置可见选项数，默认选中，可以设置多个 -->
特长(多选):<br />
<select multiple="multiple" size="3">
    <option selected="selected">请选择</option>
    <option>运动</option>
    <option>写作</option>
    <option>外语</option>
    <option>绘画</option>
    <option>音乐</option>
</select>
</body>
</html>
```

利用<select>标签创建下拉菜单的效果如图 5.14 所示。

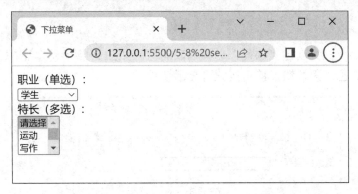

图 5.14 利用<select>标签创建下拉菜单的效果

六、选项列表标签<datalist>

在某些情况下，单击输入域可打开下拉选项列表以供选择。输入域的选项列表是由
<datalist>标签定义的，通过<datalist>标签的 id 属性和<input>标签中 list 属性的统一，将选
项列表和<input>标签绑定，可以提供输入域的可能值。选项列表通过<datalist>标签嵌套

<option>标签来实现。其基本语法格式如下：

```
<datalist>
    <option value = "选项 1">选项注释 1</option>
    <option value = "选项 2">选项注释 2</option>
    <option value = "选项 3">选项注释 3</option>
</datalist>
```

列表<option>标签中，value 属性的值为列表选项中显示的文字。当<datalist>标签使用双标签格式时，前后标签之间的文字为选项注释，可显示在选项后部，但选择后不显示在输入域中。

【例 5-9】 创建"课程"选项列表，代码如下：

```
<!DOCTYPE html>
<html>
<head>
    <title>选项列表</title>
</head>
<body>
    请选择课程：
    <input id="course" list="coulList">
    <datalist id="coulList">
        <option value="大学英语">必修</option>
        <option value="C 语言程序设计">选修</option>
        <option value="网页设计">必修</option>
    </datalist>
</body>
</html>
```

利用<datalist>标签创建"课程"选项列表的效果如图 5.15 所示。当鼠标悬停在文本框上时，会出现黑色三角按钮，单击按钮可显示选项。

图 5.15　利用<datalist>标签创建"课程"选项列表的效果

❖ 项目实施 ❖

使用表单制作"旅行家——登录注册"页面

步骤 1：布局页面。

(1) 创建项目文件夹。在项目文件夹中创建 images 文件夹，并保存案例中的图片素材；创建 HTML 及 CSS 文件，并将其关联。

(2) 布局页面。本页面布局分为 logo 标语及登录模块两部分。具体 HTML 代码如下：

```html
<!DOCTYPE html>
<html lang="en">
<head>
    <meta charset="UTF-8">
    <meta http-equiv="X-UA-Compatible" content="IE=edge">
    <meta name="viewport" content="width=device-width, initial-scale=1.0">
    <title>登录注册</title>
    <link rel="stylesheet" href="login.css">
</head>
<body>
    <!-- logo 标语 -->
    <hgroup>
        <img src="images/homelogo.png" >
        <h3>世界那么大，我想去看看</h3>
    </hgroup>
    <!-- 登录模块 -->
    <div class="login">
        <p>短信快捷登录</p>
        <!-- 手机登录 -->
        <form action="post">
            <input type="tel" placeholder="请输入机号" id="tel">
            <div class="vcode">
                <input type="text" placeholder="请输入验证码" id="codeinput" >
                <input type="button" id="getcode" value="获取验证码">
            </div>
            <button id="btnlogin">登录</button>
            <p class="check">
                <a>阅读并接受《旅行家用户协议》</a>
                <span>
                    <input type="checkbox" id="autologin">
```

```
                    <label for="autologin">30 天内自动登录</label>
                </span>
            </p>
        </form>
        <!-- 第三方登录 -->
        <div class="loginmode">
            <p>第三方登录</p>
            <a><img src="images/icon_zhifubao.png"></a>
            <a><img src="images/icon_weichat.png"></a>
            <a><img src="images/icon_QQ.png"></a>
        </div>
    </div>
</body>
</html>
```

步骤 2：设置样式。

(1) 设置整体样式，代码如下：

```
/*整体样式*/
*{
    margin: 0px;
    padding: 0px;
    list-style: none;
    border: 0px;
    font-family: "微软雅黑";
    box-sizing: border-box;
}
/* 背景图片 */
body{
    background-image: url(images/bgimg.jpg);
    background-repeat: no-repeat;
    background-size: cover;
}
```

(2) 设置 logo 标语样式，代码如下：

```
/* logo 标语 */
hgroup{
    height: 100px;
    color: white;
    text-align: center;
    margin-top: 100px;
}
```

```
hgroup h3{
    padding:5px;
    font-weight: lighter;
}
img{
    width: 50px;
}
```

(3) 设置登录模块样式，代码如下：

```
/*  登录模块  */
.login{
    width: 360px;
    height: 300px;
    margin: 0px auto;
    padding:20px 30px;
    background-color: white;
}
#tel{
    display: block;
    width: 300px;
    height: 40px;
    margin: 10px 0px;
    border:1px solid   darkgray;
    padding-left: 10px;
}
#vcode
{
    width: 300px;
    height: 40px;
    margin: 10px 0px;
}
#codeinput{
    padding-left: 10px;
    width: 200px;
    height: 40px;
    border: 1px solid darkgray;
    float: left;
}
#getcode{
    width: 100px;
```

```
        height: 40px;
        background-color: darkgray;
    }
    #btnlogin{
        width: 300px;
        height: 40px;
        background-color: orange;
        color: white;
        margin: 20px 0px 5px 0px;
    }
    .check{
        font-size: 12px;
    }
    .check a{
        color:orange;
    }
    .check span{
        float: right;
    }
    /* 第三方登录 */
    .loginmode{
        width:300px;
        height:40px;
        margin: 20px auto;
    }
    .loginmode p{
        float: left;
        height: 40px;
        line-height: 40px;
    }
    .loginmode a{
        display: block;
        float: right;
        width: 60px;
        padding-left: 20px;
    }
    .loginmode a img{
        width: 40px;
    }
```

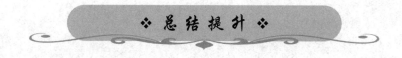

表　格

1. 表格及其基本语法

1) 表格结构及基本语法

在 HTML 中，使用<table>标签即可在页面中插入表格。HTML5 表格<table>标签下有四个子标签：caption、thead、tbody、tfoot。表格是由一行一行元素组成的；表格行 tr 有子元素 th 和 td；表格被行、列划分为多个单元格。其中，th 表示表头单元格，td 表示一般单元格。HTML5 表格基本样式结构如图 5.16 所示。

<table>
<caption>表格标题</caption>
<tr><th>列1</th><th>列2</th><th>列3</th><th>列4</th></tr>
<tr><td>单元格</td><td>单元格</td><td>单元格</td><td>单元格</td></tr>
<tr><td>单元格</td><td>单元格</td><td>单元格</td><td>单元格</td></tr>
<tr><td>单元格</td><td>单元格</td><td>单元格</td><td>单元格</td></tr>
<tr><td colspan="4">表尾</td></tr>
</table>

图 5.16　HTML5 表格基本样式结构

HTML5 表格的基本语法格式如下：

```
<table border="1/0">
    <!-- 表格标题 -->
    <caption>表格标题</caption>
    <!-- 表头 -->
    <thead>
        <tr>
            <th>列名</th>
            ⋮
        </tr>
    </thead>
    <!-- 表格主体 -->
    <tbody>
        <tr>
            <td>单元格</td>
            ⋮
        </tr>
        ⋮
    </tbody>
    <!-- 表尾 -->
    <tfoot>
```

```
            <tr>
                <td>表尾</td>
            </tr>
        </tfoot>
    </table>
```

在 HTML5 中，表格 table 仅有一个属性 border，属性值为 0 时表示不显示表格边框，属性值为 1 时表示显示表格边框。

2) 表格 CSS 属性

在 HTML5 中，表格的样式可以通过 CSS 样式来设置。常用的表格 CSS 属性如表 5.6 所示。

表 5.6　常用的表格 CSS 属性

属　性	描　　述
border-collapse	设置是否把表格边框合并为单一的边框
border-spacing	设置分隔单元格边框的距离
caption-side	设置表格标题的位置
empty-cells	设置是否显示表格中的空单元格
table-layout	设置显示单元、行和列的算法

(1) border-collapse 属性。border-collapse(折叠表格边框)属性主要用于折叠表格边框。其属性值如下：

· separate：默认值。边框会被分开，不会忽略 border-spacing 和 empty-cells 属性。

· collapse：边框合并为一个单一的边框，会忽略 border-spacing 和 empty-cells 属性。

· inherit：规定应该从父元素继承 border-collapse 属性的值。

(2) padding 属性。padding(表格内边距)属性用来控制表格中内容与边框的距离。

(3) border-spacing 属性。border-spacing(边框分离)属性可以设置分隔边框模型中单元格边界之间的距离。除非 border-collapse 被设置为 separate，否则将忽略这个属性。这个属性只应用于<table>标签，不过它可以由表中的所有子元素继承。其属性值如下：

· length：规定相邻单元的边框之间的距离，使用 px、cm 等单位，不允许使用负值。如果定义一个 length 参数，那么定义的是水平和垂直间距；如果定义两个 length 参数，那么第 1 个参数设置水平间距，而第 2 个参数设置垂直间距。

· inherit：继承父元素 border-spacing 属性的值。

(4) caption-side 属性。caption-side(表格标题)属性用来设置表格标题的位置。其属性值如下：

· top：将标题放在表格主体上方。

· bottom：将标题放在表格主体下方。

· inherit：继承父对象的属性值。

(5) empty-cells 属性。empty-cells(空单元格的处理)属性定义如何表示不包含任何内容的表单元格。其属性值如下：

- show：显示空单元格。
- hide：隐藏空单元格。

(6) table-layout 属性。table-layout(表格布局算法)属性用来指定表布局算法。表布局算法主要有以下两种：

- fixed：根据表格宽度布局表格。
- automatic：根据内容布局表格。

2. 合并单元格

在表格中，可以使用 colspan 和 rowspan 属性对表格进行合并单元格的操作，其中 colspan 用来进行水平方向的单元格合并，rowspan 用来进行垂直方向的单元格合并。

【例 5-10】 使用表格制作课程表，代码如下：

```
<!DOCTYPE html>
<html>
<head>
    <title>课程表</title>
    <style>
        table {
            border-collapse: collapse;
        }
        th, td {
            width: 100px;
            height: 20px;
            text-align: center;
        }
        caption {
            font-size: 20px;
            font-weight: border;
        }
    </style>
</head>
<body>
    <table border="1">
        <caption>课程表</caption>
        <thead>
            <tr class="head">
                <th></th>
                <th>星期一</th>
                <th>星期二</th>
                <th>星期三</th>
```

```
                <th>星期四</th>
                <th>星期五</th>
            </tr>
        </thead>
        <tbody>
            <tr class="rows1">
                <th rowspan="2">上午</th>
                <td>网络基础</td>
                <td>Python</td>
                <td>网页设计</td>
                <td>大学英语</td>
                <td>数据库基础</td>
            </tr>
            <tr class="row2">
                <td>网络基础</td>
                <td>Python</td>
                <td>网页设计</td>
                <td>高等数学</td>
                <td>数据库基础</td>
            </tr>
            <tr class="row3">
                <th rowspan="2">下午</th>
                <td>计算应用基础</td>
                <td></td>
                <td>大学英语</td>
                <td>体育</td>
                <td></td>
            </tr>
            <tr class="row4">
                <td></td>
                <td></td>
                <td></td>
                <td></td>
                <td></td>
            </tr>
        </tbody>
        <tfoot>
            <tr>
                <th colspan="6">晚自习</th>
```

```
                </tr>
            </tfoot>
        </table>
    </body>
</html>
```

使用表格制作课程表的效果如图 5.17 所示。

图 5.17　使用表格制作课程表的效果

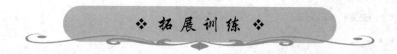

制作“GL 美拍”网站——“底部模块”效果

依据前面所讲知识，制作的“GL 美拍”网站——“底部模块”效果如图 5.18 所示。本例分为 3 列布局，其中右侧一列为表单效果，由于左侧一列比较简单，故和项目 2 中拓展训练中的“联系方式”一样。这里采用 Flex 布局实现底部模块的整体效果。

图 5.18　“底部模块”效果

制作步骤如下：

步骤 1：搭建 HTML 文档结构。

(1) 在 MeiPai 文件夹中打开 index.html 文件。

(2) 在 index.html 文件中编写底部模块 HTML 代码。完整 HTML 代码如下：

```html
<!DOCTYPE html>
<html lang="zh-CN">
<head>
    <meta charset="UTF-8">
    <meta http-equiv="X-UA-Compatible" content="IE=edge">
    <title>GL 美拍 - 首页</title>
    <!-- 引入通用的 common.css 文件 -->
    <link rel="stylesheet" href="css/common.css">
    <!-- 引入自身的 css 文件 index.css -->
    <link rel="stylesheet" href="css/index.css">
</head>
<body>
        <!-- 4. 视频简介模块 start -->
        <div class="main main-intro">...
        </div>
        <!-- 4. 视频简介模块 end -->
        <!-- 9. 用户评价模块 start -->
        <div class="main-ping">...
        </div>
        <!-- 9. 用户评价模块 end -->
    <!-- 12. 底部模块 start -->
    <footer class="footer">
    <div class="main footer-in">
        <!-- 12.1 左侧 title -->
        <div class="title">GL 美拍</div>
        <!-- 12.2 联系方式 -->
        <div class="about">
            <h2 class="title">联系方式</h2>
            <div class="text">GL 美拍发展有限公司</div>
            <div class="text line">郑州市金水区园田路 x 号</div>
            <div class="text mt-10">GL 美拍咨询热线</div>
            <h2 class="title">600-xxxx-888</h2>
            <div class="text mt-10">GL 美拍售后热线</div>
            <h2 class="title">600-xxxx-999</h2>
        </div>
        <!-- 12.3 用户注册 -->
        <div class="reg">
```

```
            <form action="#" name="regForm" method="post">
                <div class="title">新人注册大礼</div>
                <div>
                    <input type="text" id="username" name="username" placeholder="姓名" required>
                </div>
                <div>
                    <input type="tel" id="phone" name="phone" placeholder="手机号" required>
                </div>
                <div>
                    <input type="submit" value="同意提交并继续" name="sendBtn" class="sendBtn">
                </div>
            </form>
        </div>
    </div>
  </footer>
  <!-- 12. 底部模块  end -->
</body>
</html>
```

步骤 2：美化"底部模块"效果。

(1) 打开 MeiPai 文件夹中的 index.css 文件。

(2) 在 index.css 文件中添加"底部模块"样式。其完整 CSS 代码如下：

```
/* 4. 视频简介模块*/
/* 9. 用户评价模块 */
/* 12. 底部模块 */
.footer {
    background-color: #079baf;
}
.footer-in {
    margin-top: 0;
    display: flex;
    color: #fff;
    padding: 15px 0;
}
/* 12.1 标题 */
.footer-in .title {
    flex: 1;
    font-size: 32px;
}
```

```css
/* 12.2 联系方式 */
/* 以下选择器均是后代选择器 */
.footer-in .about {
    /* 背景颜色 */
    background-color: #0ab4cb;
    /*
        在项目 4 会给大家讲到这个，内边距：盒子的内容与边界的距离。
        第一个 20px：表示内容与上边界的距离；
        第二个 20px：表示内容与左右边界的距离
    */
    padding: 20px 20px 0;
    flex: 2; /* 需要添加此处代码 */
}
.footer-in .about .title {
    font-size: 28px;
    text-align: left;
    /* 在项目 4 会给大家讲到这个，外边距：盒子与盒子之间的距离。在此是下外边距*/
    margin-bottom: 15px;
    /*字体颜色 RGBA 分别表示红、绿、蓝三色，如果都是 255，则是白色，最后一个是透明度，
即白色的 0.8 透明*/
    color: rgba(255, 255, 255, 0.8);
}
.footer-in .about .text {
    color: rgba(255, 255, 255, 0.6);
}
.footer-in .about .line {
    /* 下内边距 */
    padding-bottom: 15px;
    /* 边框线下底边框：高度 1px、实线、颜色 */
    border-bottom: 1px solid rgba(255, 255, 255, 0.6);
    /* 下外边距 */
    margin-bottom: 15px;
}
.footer-in .about .mt-10 {
    /* 下外边距 */
    margin-bottom: 10px;
}
/* 12.3 用户注册 */
.footer-in .reg {
```

```
    background-color: #0ab4cb;

    padding: 20px;

    margin-left: 20px;

    flex: 2;

}

.footer-in .reg form {

    width: 100%;

}

.footer-in .reg form .title {

    font-size: 28px;

    margin-bottom: 20px;

    color: rgba(255, 255, 255, 0.8);

}

.footer-in .reg form div {

    margin-bottom: 20px;

}

.footer-in .reg form div input {

    display: block;

    width: 80%;

    margin: 0 auto;

    height: 50px;

    padding-left: 20px;

    border: 1px solid #079baf;

    border-radius: 25px;

    box-shadow: 0 0 5px 1px #079baf;

}

.footer-in .reg form div .sendBtn {

    background-color: #079baf;

    color: #fff;

    font-size: 16px;

    font-weight: bold;

    box-shadow: none;

    text-align: center;

    padding-left: 0;

}
```

说明：

底部模块整体采用 Flex 布局来实现。要理解用户注册表单样式的设置思路，学会灵活运用。

项目 6

让页面更酷炫——CSS3的高级应用

❖ 知识目标
- 掌握 CSS3 过渡属性。
- 掌握 CSS3 中 2D 变形属性。
- 掌握 CSS3 中 3D 变形属性。
- 理解 CSS3 变形相关属性。

❖ 能力目标
- 能够使用过渡效果制作页面动画效果。
- 能够使用变形效果制作页面动画效果。

❖ 项 目 导 入 ❖

"旅行家——攻略"页面效果展示

  CSS3 不仅可以布局页面和美化页面，同时可以拓展过渡、变形及动画效果，使网页更加生动。在网页制作中可以使用这些动画效果代替复杂的 JavaScript 或 Flash。本项目将在布局美化页面的基础上，使用 CSS3 的过渡及变形属性制作"旅行家——攻略"页面。完成效果如图 6.1 所示。

  在一个网站中，所有页面往往具有风格统一的框架及样式风格，例如，"旅行家——攻略"页面中 header 及 footer 与"旅行家——住宿"页面完全相同，banner 结构与"旅行家——住宿"页面结构相似。本项目将着重讲解"达人攻略"和"主题攻略"部分动画效果的实现。

图 6.1　"旅行家——攻略"页面

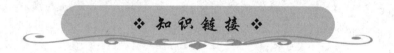

　　在 CSS3 之前的版本中，在网页中实现动画效果往往需要引入 Flash 或使用复杂的 JavaScript 脚本。CSS3 提供了过渡、变形及缩放属性，可轻松地在页面中实现动画效果。

一、过渡 transition

　　CSS3 过渡属性 transition 主要包括 transition-property、transition-duration、transition-timing-function 以及 transition-delay 四个分属性。

　　使用过渡属性需要注意浏览器的支持情况：Internet Explorer 10、Firefox、Chrome 以及 Opera 支持 transition 属性；Safari 需要前缀 -webkit-；Internet Explorer 9 以及更早的版本不支持 transition 属性；Chrome 25 以及更早的版本需要前缀 -webkit-。

1. transition-property

transition-property 属性用来指定发生过渡效果的 CSS 属性，当指定的 CSS 属性发生变化时，过渡效果开始。其基本语法格式如下：

```
transition-property: none | all | property;
```

其中：none 表示没有属性发生过渡效果；all 表示所有属性均发生过渡效果；property 表示定义发生过渡效果的 CSS 属性，多个属性使用逗号隔开。

【例 6-1】 盒子背景色变换，代码如下：

```html
<!DOCTYPE html>
<html lang="en">
<head>
    <meta charset="UTF-8">
    <title>盒子背景色变换</title>
    <style type="text/css">
    div{
        width: 200px;
        height: 200px;
        border: 3px solid #000;
        background-color: #0f0;
        transition-property: background-color;
    }
    div:hover{
        background-color: #00f;
    }
    </style>
</head>
<body>
    <div></div>
</body>
</html>
```

盒子背景色变换效果如图 6.2 所示。

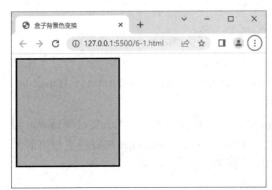 

图 6.2　盒子背景色变换效果

2. transition-duration

transition-duration 属性用来设置过渡效果持续的时间，默认值为 0，属性值使用以秒(s)或毫秒(ms)为单位的时间值。其基本语法格式为：

```
transition-duration:time;
```

【例 6-2】　方块变小球，代码如下：

```
<!DOCTYPE html>
<html lang="en">
<head>
    <meta charset="UTF-8">
    <title>方块变小球</title>
    <style type="text/css">
    div{
        width: 200px;
        height: 200px;
        border: 3px solid #000;
        background-color: #f00;
        transition-property: border-radius;
        transition-duration: 3s;
    }
    div:hover{
        border-radius: 50%;
    }
    </style>
</head>
<body>
    <div></div>
</body>
</html>
```

例 6-2 中，将过渡时间设置为 3 s，可以看到图形随时间逐渐变化，如图 6.3 所示。通常在使用过渡动画时，习惯将 transition 属性放在过渡对象初始状态中而不是鼠标悬停状态中，这样当鼠标悬停和离开时均会出现过渡效果。

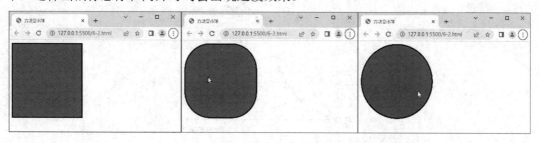

图 6.3　方块变小球效果

3. transition-timing-function

transition-timing-function 属性用来指定过渡效果的速度曲线，即控制过渡变化的快慢。其基本语法格式如下：

```
transition-timing-function: linear | ease | ease-in | ease-out | ease-in-out | cubic-bezier(n, n, n, n);
```

其中：

linear：匀速过渡，相当于 cubic-bezier(0, 0, 1, 1)；

ease：以慢—快—慢的速度过渡，相当于 cubic-bezier(0.25, 0.1, 0.25, 1)；

ease-in：以慢—快的速度过渡，相当于 cubic-bezier(0.42, 0, 1, 1)；

ease-out：以快—慢的速度过渡，相当于 cubic-bezier(0, 0, 0.58, 1)；

ease-in-out：以慢—快—慢的速度过渡，相当于 cubic-bezier(0.42, 0, 0.58, 1)；

cubic-bezier(n, n, n, n)：定义贝塞尔曲线控制过渡速度。

以上参数值对应速度曲线如图 6.4 所示。

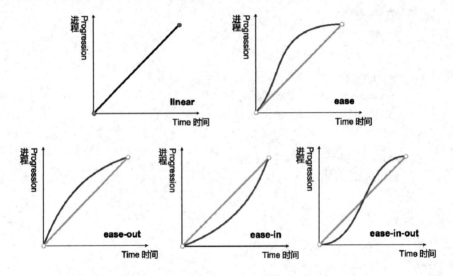

图 6.4　过渡效果速度曲线

贝塞尔曲线如图 6.5 所示，曲线由 $P_0(0, 0)$、$P_1(x_1, y_1)$、$P_2(x_2, y_2)$、$P_3(1, 1)$ 四个控制点确定曲线的样式。其中，P_0 和 P_3 点的值是确定的，P_1 和 P_2 的值是不确定的。因此，可以通过设置 P_1 及 P_2 点的坐标(即 cubic-bezier(n, n, n, n)中的四个参数)来确定贝塞尔曲线的样式。

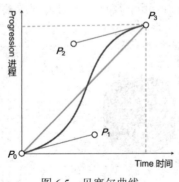

图 6.5　贝塞尔曲线

在例 6-2 的基础上增加 transition-timing-function 属性，设置不同的属性值可观察到不同的过渡效果。

4. transition-delay

transition-delay 属性用来指定过渡效果的延迟时间，即控制过渡变化何时开始。其属性值是表示时间的参数，常用秒(s)或毫秒(ms)作为单位。transition-delay 属性的基本语法格式如下：

```
transition-delay: time;
```

在例 6-2 的基础上增加 transition-delay 属性，设置延迟时间可观察到不同的过渡效果。

二、变形 transform

CSS3 变形属性 transform 主要包括移动 translate、缩放 scale、旋转 rotate、扭曲 skew 和矩阵变形 matrix。transform 还可以实现 2D 和 3D 两种情况下的变形效果。其基本语法格式如下：

```
transform: none| transform-functions;
```

其中：

none：默认值，表示不变形；

transform-functions：变形函数，包括 translate()、scale()、rotate()、skew()、matrix()。

使用变形属性需注意浏览器的支持情况：Internet Explorer 10、Firefox、Opera 支持 transform 属性；Internet Explorer 9 支持替代的-ms-transform 属性(仅适用于 2D 转换)；Safari 和 Chrome 支持替代的-webkit-transform 属性(适用于 3D 和 2D 转换)；Opera 只支持 2D 转换。

所有的变形属性都基于元素的原点，元素的原点默认位置在盒子的中心点(50%，50%，0)，即中线的交叉点。使用 transform-orgin 属性可以更改元素原点的位置，基本语法格式如下：

```
transform-origin: x-axis y-axis z-axis;
```

其中，x-axis、y-axis、z-axis 分别为新原点相对于中心点在 x、y、z 轴上的偏移量。其取值可以是方位词(left、right、center、top、bottom 等)、像素值和百分比。

1. 2D 变形

1) translate()

translate()可以通过定义平移距离的方法，实现目标的平移。注意，这里默认以盒子左上角为参照点进行移动。其基本语法格式如下：

```
transform: translate(x-value, y-value);
```

其中：

x-value：目标在 x 轴方向上的平移距离，可以取像素值或百分比；

y-value：目标在 y 轴方向上的平移距离，可以取像素值或百分比。

【例 6-3】 设置盒子的平移，代码如下：

```
<!DOCTYPE html>
<html lang="en">
<head>
    <meta charset="UTF-8">
```

```
<title>盒子的平移</title>
<style type="text/css">
div{
    width: 300px;
    height: 180px;
    border: 3px dashed orange;
    position: absolute;
}
div:first-child{
    background: gold;
    border: 3px solid orange;
    -webkit-transform: translate(50%, 50%);
        -moz-transform: translate(50%, 50%);
         -ms-transform: translate(50%, 50%);
          -o-transform: translate(50%, 50%);
             transform: translate(50%, 50%);
}
</style>
</head>
<body>
    <div>移动后的位置</div>
    <div>初始位置</div>
</body>
</html>
```

盒子的平移效果如图 6.6 所示。

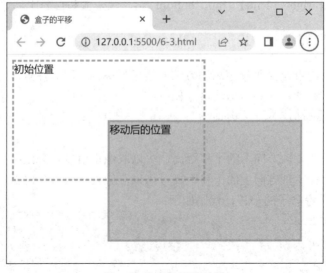

图 6.6　盒子的平移效果

2) scale()

scale()方法可以缩放元素的大小。其基本语法格式如下：

```
transform: scale(x-axis, y-axis);
```

其中：x-axis 表示目标在 x 轴方向上的缩放系数；y-axis 表示目标在 y 轴方向上的缩放系数。

注意：缩放系数可以取整数、负数或小数。缩放后，元素宽高＝初始宽高×缩放系数。当 |axis| < 1 时，元素按比例缩小；当 |axis| > 1 时，元素按比例放大；当 axis < 0 时，元素翻转。

【例 6-4】 设置盒子的缩放与翻转，代码如下：

```html
<!DOCTYPE html>
<html lang="en">
<head>
    <meta charset="UTF-8">
    <title>盒子的缩放与翻转</title>
    <style type="text/css">
    div{
        width: 300px;
        height: 180px;
        border: 3px dashed orange;
        position: absolute;
    }
    div:first-child{
        background: gold;
        border: 3px solid orange;
        -webkit-transform: scale(-0.7, 0.7);
            -moz-transform: scale(-0.7, 0.7);
             -ms-transform: scale(-0.7, 0.7);
              -o-transform: scale(-0.7, 0.7);
                 transform: scale(-0.7, 0.7);
    }
    </style>
</head>
<body>
    <div>缩小并翻转</div>
    <div>初始大小</div>
</body>
</html>
```

盒子的缩放与翻转效果如图 6.7 所示。

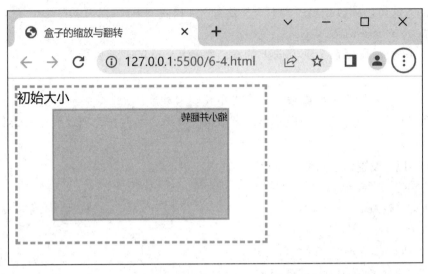

图 6.7　盒子的缩放与翻转效果

3) rotate()

rotate()方法可以使元素按照设置的角度旋转。其基本语法格式如下：

```
transform: rotate(angle);
```

当 angle＞0 时，元素按顺时针方向旋转；当 angle＜0 时，元素按逆时针方向旋转。

【例 6-5】　设置盒子的旋转，代码如下：

```
<!DOCTYPE html>
<html lang="en">
<head>
    <meta charset="UTF-8">
    <title>盒子的旋转</title>
    <style type="text/css">
    div{
        width: 300px;
        height: 180px;
        border: 3px dashed orange;
        position: absolute;
        margin:100px;
    }
    div:first-child{
        background: gold;
        border: 3px solid orange;
        -webkit-transform: rotate(30deg);
            -moz-transform: rotate(30deg);
             -ms-transform: rotate(30deg);
```

```
                    -o-transform: rotate(30deg);
                    transform: rotate(30deg);
            }
        </style>
    </head>
    <body>
        <div>顺时针旋转 30°</div>
        <div>初始角度</div>
    </body>
</html>
```

盒子的旋转效果如图 6.8 所示。

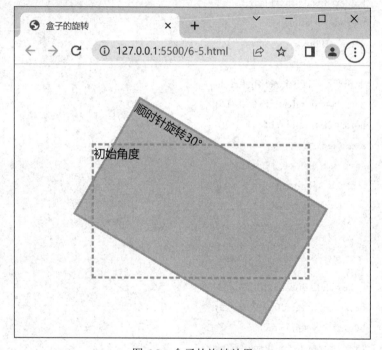

图 6.8   盒子的旋转效果

4) skew()

scale()方法可以设置元素的倾斜样式。其基本语法格式如下：

```
    transform: skew(x-angle, y-angle);
```

其中：

x-angle：目标相对于 x 轴方向上的倾斜角度；

y-angle：目标相对于 y 轴方向上的倾斜角度。

【例 6-6】 设置盒子的倾斜，代码如下：

```
    <!DOCTYPE html>
    <html lang="en">
    <head>
```

```
    <meta charset="UTF-8">
    <title>盒子的倾斜</title>
    <style type="text/css">
    div.out{
        width: 500px;
        height: 300px;
        float: left;
    }
    div.inner{
        width: 300px;
        height: 180px;
        border: 3px dashed black;
        position: absolute;
        margin:100px;
    }
    div.out:first-child div.inner:first-child{
        background: rgba(255, 0, 0, 0.5);
        border: 3px solid red;
        text-align: right;
        -webkit-transform: skew(30deg);
                -moz-transform: skew(30deg);
                 -ms-transform: skew(30deg);
                  -o-transform: skew(30deg);
                     transform: skew(30deg);
    }
    div.out:last-child div.inner:first-child{
        background: rgba(0, 255, 0, 0.5);
        border: 3px solid green;
        -webkit-transform: skew(0, 30deg);
                -moz-transform: skew(0, 30deg);
                 -ms-transform: skew(0, 30deg);
                  -o-transform: skew(0, 30deg);
                     transform: skew(0, 30deg);
    }
    </style>
</head>
<body>
    <div class="out">
        <div class="inner">相对于 x 轴倾斜</div>
        <div class="inner">初始状态</div>
```

```
        </div>
        <div class="out">
            <div class="inner">相对于 y 轴倾斜</div>
            <div class="inner">初始状态</div>
        </div>
    </body>
    </html>
```

盒子的倾斜效果如图 6.9 所示。

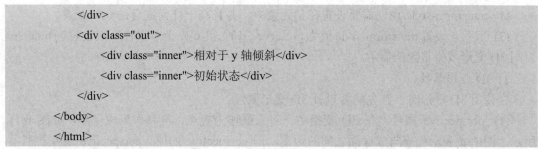

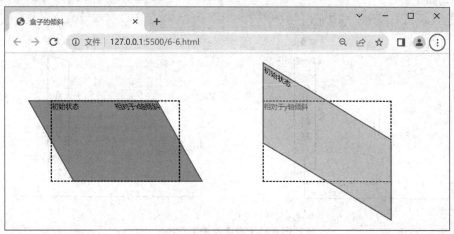

图 6.9　盒子的倾斜效果

由图 6.9 中的效果可见，相对于 x 轴倾斜时，实际是 x 轴不变，新 y 轴沿 y 轴逆时针旋转 30°；相对于 y 轴倾斜时，实际是 y 轴不变，新 x 轴沿 x 轴逆时针旋转 30°。

5) matrix()

2D 坐标系中，matrix(a, b, c, d, e, f) 有六个参数，用来表示元素的变换。这六个参数对应到矩阵如下：

$$\begin{bmatrix} a & c & e \\ b & d & f \\ 0 & 0 & 1 \end{bmatrix} \times \begin{bmatrix} x \\ y \\ 1 \end{bmatrix} = \begin{bmatrix} ax+cy+e \\ bx+dy+f \\ 0+0+1 \end{bmatrix}$$

在图形学上，用齐次坐标矩阵和图形的顶点相乘，就能得到变换后的新顶点的位置。$ax+cy+e$ 表示变换后的水平坐标，$bx+dy+f$ 表示变换后的垂直位置。

2. 3D 变形

元素的 3D 变形是建立在三维坐标系上的，如图 6.10 所示。要使用 CSS3 的 3D 变形，首先将变形类型设置为 3D。其基本语法格式如下：

transform-style：flat | preserve-3d

其中：flat 为默认值，表示所有子元素在 2D 平面呈现；preserve-3d 表示所有子元素在 3D 空间中呈现。在使用 preserve-3d 时需要注意以下两个问题：

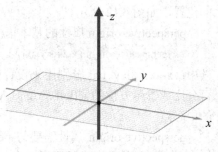

图 6.10　三维坐标系

(1) transform-style 属性需要设置在父元素中，并且高于任何嵌套的变形元素。

(2) 当元素设置 transform-style 值为 preserve-3d 时，其 overflow 属性不能设置为 hidden，否则 3D 变形效果将无法显示。

1) 3D 变形属性

在使用 3D 变形时，首先需要设置 3D 变形属性。

(1) perspective 属性。在 3D 变换中，将人眼作为视点，屏幕作为成像面，如图 6.11 所示。图中 d 表示视点与成像面之间的距离，即 perspective 的值。perspective 属性的基本语法格式如下：

perspective：none | 像素值；

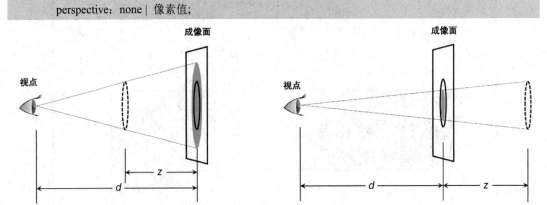

图 6.11　透视原理示意图

perspective 属性值≤0 时，不产生透视效果；perspective 属性值＞0 时，属性值越小透视效果越明显，属性值越大透视效果越不明显。

perspective 属性还可以和 translateZ(z) 函数一起使用，图 6.11 所示物体与成像面之间的距离 z 就是我们通常所设置的 Z 轴方向的偏移量。在 d 值确定的情况下，当 z＞0 时，物体在成像面和视点之间，物体成像大于物体实际大小；当 z＜0 时，物体在成像面之后，物体成像小于物体实际大小。

在 3D 变形中，当给元素设置 perspective 属性时，可以激活一个 3D 空间。除此之外，在 3D 变形的函数中的 perspective() 也可以激活 3D 空间。两者的区别是：perspective 属性应用在所有变形元素的父对象上；perspective() 函数应用在当前变形的元素上，可以与其他 tansform 函数一起使用。

(2) perspective-origin 属性。perspective-origin 属性用来设置视点投射在成像面平面上的位置，如图 6.12 所示。

perspective-origin 属性的基本语法格式如下：

perspective-origin: x-axis y-axis;

其中：x-axis 和 y-axis 分别用来设置视点在 x 轴和 y 轴上的位置，其属性值可以是像素值、百分比或表示方位的词(left、right、center、top、bottom)；其默认值为 50%，即其父对象的中心点。

perspective-origin 属性需要与 perspective 属性结合起来，应用在其父对象上，以便将视点移至元素的中心以外位置。当视点位置变换时，投影位置也随之变换。

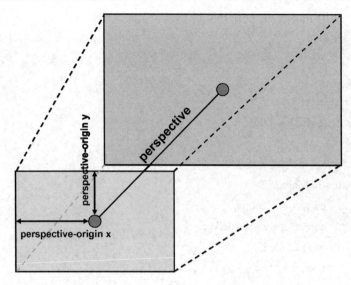

图 6.12　perspective-origin 属性原理示意图

(3) backface-visibility 属性。backface-visibility 属性用来设置元素背面是否可见。其基本语法格式如下：

```
backface-visibility: visible | hidden;
```

其中：visible 表示元素背面可见，是 backface-visibility 的默认值；hidden 表示反面不可见。

2) 3D 变形方法

3D 变形方法与 2D 变形方法类似，如表 6.1 所示。

表 6.1　3D 变形方法

方　　法	描　　述
matrix3d(n, n, n, n,n, n, n, n, n, n, n, n, n, n, n, n)	定义 3D 转换，使用 16 个值的 4×4 矩阵
translate3d(x, y, z)	定义 3D 移动
translateX(x)	定义 3D 转换，仅用于设置 X 轴方向的偏移量
translateY(y)	定义 3D 转换，仅用于设置 Y 轴方向的偏移量
translateZ(z)	定义 3D 转换，仅用于设置 Z 轴方向的偏移量
scale3d(x, y, z)	定义 3D 缩放
scaleX(x)	定义 3D 转换，仅用于设置 X 轴方向的缩放比例
scaleY(y)	定义 3D 转换，仅用于设置 Y 轴方向的缩放比例
scaleZ(z)	定义 3D 转换，仅用于设置 Z 轴方向的缩放比例
rotate3d(x, y, z)	定义 3D 旋转
rotateX(x)	定义 3D 转换，仅用于设置 X 轴方向的旋转角度
rotateY(y)	定义 3D 转换，仅用于设置 Y 轴方向的旋转角度
rotateZ(z)	定义 3D 转换，仅用于设置 Z 轴方向的旋转角度
perspective()	定义 3D 视距

【例 6-7】　使用 transform 制作扑克牌翻转，代码如下：

```html
<!DOCTYPE html>
<html>
<head>
    <meta charset="UTF-8">
    <title>扑克牌翻转</title>
    <style>
        /* 设置元素大小位置 */
        .flip-container {
            perspective: 300px;
            border: 3px dashed darkgray;
            margin: 50px;
            float: left;
        }
        .flip-container {
            width: 150px;
            height: 200px;
        }
        img {
            width: 100%;
            height: 100%;
            overflow: hidden;
        }
        /* 设置正反面样式 */
        .front, .back {
            width: 100%;
            height: 100%;
            backface-visibility: hidden;
            position: absolute;
            top: 0;
            left: 0;
        }
        .back {
            transform: rotateX(-180deg);
        }
        /* 设置翻转效果 */
        .flipper {
            width: 100%;
            height: 100%;
```

```
            transition: 2s;
            transform-style: preserve-3d;
        }
        /*  水平翻转  */
        .flip-container:hover .v {
            transform: rotateY(-180deg);
        }
        /*  垂直翻转  */
        .flip-container:hover .h {
            transform: rotateX(-180deg);
        }
    </style>
</head>
<body>
    <div class="flip-container">
        <div class="flipper v">
            <div class="front">
                <img src="images/front.png" />
            </div>
            <div class="back">
                <img src="images/back.png" />
            </div>
        </div>
    </div>
    <div class="flip-container">
        <div class="flipper h">
            <div class="front">
                <img src="images/front.png" />
            </div>
            <div class="back">
                <img src="images/back.png" />
            </div>
        </div>
    </div>
</body>
</html>
```

扑克牌翻转效果如图 6.13 所示，当鼠标悬停在扑克牌上时，可分别看到水平、垂直翻转效果(注意翻转时产生的透视效果)。

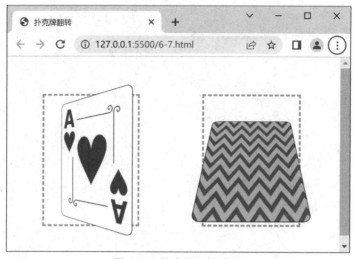

图 6.13　扑克牌翻转效果

❖ 项 目 实 施 ❖

使用过渡变形制作"旅行家——攻略"页面

步骤 1：制作准备及布局页面。

(1) 创建 HTML 及 CSS 文件，并将其关联。打开 sublime 创建新文件，设置文件类型为 HTML 并保存；再次新建文件，设置文件类型为 CSS 并保存；在 HTML 文件中写入 HTML 文档基本结构，并引入 CSS 文件。

(2) 布局页面。"旅行家——攻略"页面与"旅行家——住宿"页面使用了相同的框架。页面布局分为五个部分，分别为 header、banner、hotnotes、hottheme 及 footer。具体 HTML 代码如下：

```
<!DOCTYPE html>
<html lang="en">
<head>
    <meta charset="UTF-8">
    <title>住宿</title>
    <link rel="stylesheet" type="text/css" href="hotel.css">
</head>
<body>
    <!-- header -->
    <header></header>
    <!-- banner -->
    <div class="banner"></div>
    <!-- 达人推荐 -->
```

```
<div class="hotnotes"></div>
<!-- 主题攻略 -->
<div class="hottheme"></div>
<!-- footer -->
<footer>Copyright © 2019-2030 郑州旅行家科技有限公司</footer>
</body>
</html>
```

（3）设置布局样式。"旅行家——攻略"页面整体样式与"旅行家——住宿"页面整体样式完全相同，此处不再赘述。

步骤 2：制作页面头部及页脚。

"旅行家——攻略"页面头部、页脚与"旅行家——住宿"页面头部、页脚的布局及样式是完全一样的，在此不再赘述。

步骤 3：制作 banner 模块。

"旅行家——攻略"页面中，banner 的布局和样式与"旅行家——住宿"页面中的基本相同，区别在于本页面仅有一个搜索栏，没有下方的一组广告词。这里把这个部分的布局及样式稍作修改即可。

（1）布局 banner，代码如下：

```
<div class="banner">
        <img src="images/banner.jpg">
        <form>
            <input type="text" id="searchInput" placeholder="请输入目的地、景点或关键字">
            <button id="searchBtn">搜　索</button>
        </form>
    </div>
```

（2）设置 banner 样式，代码如下：

```
/*banner 样式*/
.banner{
    width: 100%;
    height:480px;
    position: relative;
    overflow: hidden;
}
.banner img{
    display: block;
    height: 480px;
    width: 100%;
    min-width: 1280px;
    position: absolute;
}
```

```css
.banner form{
    width: 700px;
    height: 50px;
    position: absolute;
    left: 50%;
    transform: translateX(-50%);
    bottom: 30px;
}
.banner form #searchInput, .banner form #searchBtn{
    display:block;
    height: 50px;
    float: left;
    font-size: 16px;
}
.banner form #searchInput{
    width: 580px;
    padding-left: 20px;
}
.banner form #searchBtn{
    width: 100px;
    background-color: #FF6633;
    color: #fff;
    font-weight: bold;
}
```

步骤 4：制作达人攻略模块。

热门旅游城市部分由标题、查看更多及攻略项三部分组成，完成效果如图 6.14 所示。主标题使用较大的、深灰色 h1 标题。查看更多由分割线及右侧查看更多按钮组成。攻略项以图片为背景(如图 6.14 所示)，当鼠标悬停在攻略项上方时，攻略项说明文字自上而下覆盖背景图片，如图 6.15 所示。这部分可由伪类及 CSS3 过渡属性设置制作。

图 6.14 "旅行家——攻略"页面达人攻略模块背景效果

图 6.15　"旅行家——攻略"页面达人攻略模块过渡效果

(1) 布局达人攻略，代码如下：

```
<div class="hotnotes">
    <div class="title">
        <h1>达人攻略</h1>
        <a href="#"><span class="iconfont">&#xe64d;</span> 查看更多</a>
    </div>
    <ul>
        <li>
            <hgroup>
                <h1>西安</h1>
                <h3>文化古迹 2 日游</h3>
                <h4>查看玩法</h4>
                <h5><span class="iconfont">&#xe63b;</span> 收  藏</h5>
            </hgroup>
        </li>
        <li>
            <hgroup>
                <h1>桂林</h1>
                <h3>阳朔风情 5 日自由行</h3>
                <h4>查看玩法</h4>
                <h5><span class="iconfont">&#xe63b;</span> 收  藏</h5>
            </hgroup>
        </li>
        <li>
            <hgroup>
                <h1>三亚</h1>
```

```
                    <h3>情侣浪漫轻奢 5 日游</h3>
                    <h4>查看玩法</h4>
                    <h5><span class="iconfont">&#xe63b;</span> 收 藏</h5>
                </hgroup>
            </li>
        </ul>
    </div>
```

(2) 设置达人攻略样式，代码如下：

```
/*达人攻略*/
.hotnotes{
    width: 1000px;
    height: 450px;
    margin: 40px auto;
}
.hotnotes .title{
    width: 1000px;
    height: 121px;
    position: relative;
}
.hotnotes .title h1{
    width: 960px;
    height: 80px;
    line-height: 80px;
    padding: 20px;
    border-bottom: 1px solid #D3D3D3;
    text-align: center;
    font-size: 40px;
    font-weight: normal;
    color: #333；
}
.hotnotes .title a{
    display: block;
    color: #999;
    position: absolute;
    right: 0px;
    bottom: -10px;
    background-color: #fff;
    padding: 0px 10px;
}
```

```
.hotnotes ul{
    width: 1000px;
    height: 320px;
    margin: 20px auto;
    display: flex;
    justify-content: space-between;
}
.hotnotes ul li{
    width: 300px;
    height: 300px;
    margin: 10px;
    background-image: url(images/xa.jpg);
    background-size: contain;
    position: relative;
    overflow: hidden;
}
.hotnotes ul li:nth-child(2){
    background-image: url(images/ys.jpg);
}
.hotnotes ul li:nth-child(3){
    background-image: url(images/sy.jpg);
}
.hotnotes ul li hgroup{
    width: 300px;
    height: 300px;
    background: rgba(255, 255, 255, 70%);
    position: absolute;
    top: -300px;
    text-align: center;
    color: #333;
    transition-property: top;
    transition-duration: 0.5s;
    transition-timing-function: ease-in;
}
.hotnotes ul li hgroup h1{
    height: 50px;
    line-height: 50px;
    margin-top: 60px;
}
```

```
.hotnotes ul li hgroup h3{
    height: 40px;
    line-height: 40px;
}
.hotnotes ul li hgroup h4{
    width: 100px;
    height: 30px;
    line-height: 30px;
    border: 1px solid #333;
    border-radius: 15px;
    margin:20px auto;
}
.hotnotes ul li hgroup h5{
    height: 30px;
    line-height: 30px;
    margin:10px auto;
}
.hotnotes ul li hgroup h5 .iconfont{
    color: #ff0000;
}
.hotnotes ul li:hover hgroup{
    top: 0px;
}
```

步骤 5：制作主题攻略模块。

主题攻略模块在布局上与达人攻略模块相似，8 个主题使用弹性布局，效果如图 6.16 所示。当鼠标悬停在主题模块上时，模块沿 y 轴逆时针旋转。模块旋转效果主要通过 CSS3 变形属性设置来实现。

图 6.16　"旅行家——攻略"页面主题攻略模块效果

(1) 布局主题攻略，代码如下：

```
<div class="hottheme">
```

```html
<div class="title">
    <h1>主题攻略</h1>
    <a href="#"><span class="iconfont">&#xe64d;</span> 查看更多</a>
</div>
<ul>
    <li>
        <span class="front">自驾游</span>
        <a href="#" class="back">GO!</a>
    </li>
    <li>
        <span class="front">深度游</span>
        <a href="#" class="back">GO!</a>
    </li>
    <li>
        <span class="front">亲子游</span>
        <a href="#" class="back">GO!</a>
    </li>
    <li>
        <span class="front">自由行</span>
        <a href="#" class="back">GO!</a>
    </li>
    <li>
        <span class="front">文化古迹</span>
        <a href="#" class="back">GO!</a>
    </li>
    <li>
        <span class="front">海岛风光</span>
        <a href="#" class="back">GO!</a>
    </li>
    <li>
        <span class="front">休闲避暑</span>
        <a href="#" class="back">GO!</a>
    </li>
    <li>
        <span class="front">西部风情</span>
        <a href="#" class="back">GO!</a>
    </li>
</ul>
</div>
```

(2) 设置主题攻略样式，代码如下：

```css
/*主题攻略*/
.hottheme{
    width: 1000px;
    height: 250px;
    margin: 40px auto;
}
.hottheme .title{
    width: 1000px;
    height: 121px;
    position: relative;
}
.hottheme .title h1{
    width: 960px;
    height: 80px;
    line-height: 80px;
    padding: 20px;
    border-bottom: 1px solid #D3D3D3;
    text-align: center;
    font-size: 40px;
    font-weight: normal;
    color: #333;
}
.hottheme .title a{
    display: block;
    color: #999;
    position: absolute;
    right: 0px;
    bottom: -10px;
    background-color: #fff;
    padding: 0px 10px;
}
.hottheme ul{
    width: 1000px;
    height: 110px;
    margin: 20px auto;
    display: flex;
    justify-content: space-between;
}
```

```
.hottheme ul li{
    width: 110px;
    height: 110px;
    position: relative;
    -webkit-perspective: 500px;
}
.hottheme ul li span, .hottheme ul li a{
    display: block;
    width: 110px;
    height: 110px;
    line-height: 110px;
    text-align: center;
    color: #fff;
    font-size: 24px;
    background-color:red;
    transition: all 0.5s ease-in 0s;
}
.hottheme ul li:nth-child(2) span, .hottheme ul li:nth-child(2) a{background-color:   #fd7d36;}
.hottheme ul li:nth-child(3) span, .hottheme ul li:nth-child(3) a{background-color:   #fecf45;}
.hottheme ul li:nth-child(4) span, .hottheme ul li:nth-child(4) a{background-color:   #b8f1cc;}
.hottheme ul li:nth-child(5) span, .hottheme ul li:nth-child(5) a{background-color:   #b8f1ed;}
.hottheme ul li:nth-child(6) span, .hottheme ul li:nth-child(6) a{background-color:   #00BFFF;}
.hottheme ul li:nth-child(7) span, .hottheme ul li:nth-child(7) a{background-color:   #d9b8f1;}
.hottheme ul li:nth-child(8) span, .hottheme ul li:nth-child(8) a{background-color:   #f1b8e4;}
.hottheme ul li a{
    position: absolute;
    top: 0px;
    left: 0px;
    -webkit-transform: rotateY(-180deg);
        -moz-transform: rotateY(-180deg);
         -ms-transform: rotateY(-180deg);
          -o-transform: rotateY(-180deg);
              transform: rotateY(-180deg);
    backface-visibility: hidden;
}
.hottheme ul li:hover span{
    -webkit-transform: rotateY(180deg);
        -moz-transform: rotateY(180deg);
```

```
            -ms-transform: rotateY(180deg);
            -o-transform: rotateY(180deg);
             transform: rotateY(180deg);
        }
    .hottheme ul li:hover a{
            -webkit-transform: rotateY(0deg);
            -moz-transform: rotateY(0deg);
            -ms-transform: rotateY(0deg);
            -o-transform: rotateY(0deg);
             transform: rotateY(0deg);
        }
```

❖ 总结提升 ❖

动画 animation

CSS3 不仅可以支持过渡 transition 和变形 transform，还提供 animation 属性以支持动画。相对于过渡和变形，animation 属性不仅可以重复使用，制作复杂的动画效果，还可以将动画应用在不同的元素之上。使用 animation 属性主要包括两个步骤：定义关键帧、设置动画属性。

1. 关键帧@keyframes

@keyframes 规则用于创建动画关键帧。@keyframes 的实质就是设定某个时间点的 CSS 样式。@keyframes 规则语法格式如下：

```
@keyframes identifier {
    0%    {/*CSS 样式*/}
    25%   {/*CSS 样式*/}
    50%   {/*CSS 样式*/}
    75%   {/*CSS 样式*/}
    100% {/*CSS 样式*/}
}
```

其中，百分比值表示动画时长内关键时间点，需要对不同关键点的 CSS 样式进行设置。

2. animation 的属性

仅设定@keyframes 规则，页面元素还是无法动起来，需要将动画绑定选择器，并且设置 animation 属性，设定关键帧之间的过渡属性。在@keyframes 中 CSS 样式的基础上，绑定选择器，页面元素才能由当前样式逐渐变化为新样式，形成动画效果。animation 属性与之前学习过的 transition 过渡属性非常相似。animation 属性如表 6.2 所示。

表 6.2 animation 属性

值	描 述
animation-name	规定需要绑定选择器的 keyframe 名称
animation-duration	规定完成动画所花费的时间，以秒或毫秒计
animation-timing-function	规定动画的速度曲线
animation-delay	规定在动画开始之前的延迟
animation-iteration-count	规定动画应该播放的次数
animation-direction	规定是否应该轮流反向播放动画

注意：不同的浏览器对 animation 属性的支持不同，使用时为了兼容可加上 -webkit-、-o-、-ms-、-moz-、-khtml- 等前缀以适应不同的浏览器。

【例 6-8】 设置 animation 动画应用，代码如下：

```
<!DOCTYPE html>
<html lang="en">
<head>
    <meta charset="UTF-8">
    <meta name="viewport" content="width=device-width, initial-scale=1.0">
    <meta http-equiv="X-UA-Compatible" content="chrome=1">
    <title> animation 动画应用</title>
    <style>
        div{
            height: 200px;
            width: 100px;
            animation-name: chcolor, chposition;
            animation-duration: 5s;
            animation-iteration-count: 5;
        }
        @keyframes chcolor {
            0%      {background-color: red;}
            25%     {background-color: yellow;}
            50%     {background-color: green;}
            75%     {background-color: purple;}
            100% {background-color: red;}
        }
        @keyframes chposition{
            0%      {margin-left:50px;margin-top: 50px;}
            25%     {margin-left:150px;margin-top: 100px;}
            50%     {margin-left:250px;margin-top: 50px;}
```

```
        75%   {margin-left:350px;margin-top: 100px;}
        100%  {margin-left:450px;margin-top: 50px;}

      }
    </style>
  </head>
  <body>
    <div></div>
  </body>
</html>
```

animation 动画应用效果如图 6.17 所示。页面中方盒子颜色变化的同时向右侧移动，动画效果循环 10 次。

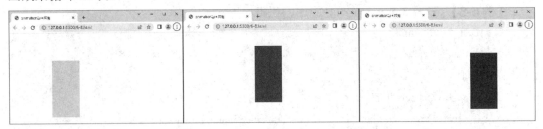

图 6.17　animation 动画应用效果

制作"GL 美拍"网站——"地区模块"静态效果

依据前面所讲知识，制作的"GL 美拍"网站——"地区模块"静态效果如图 6.18 所示；鼠标经过图片时，效果如图 6.19 所示。

图 6.18　"地区模块"静态效果

图 6.19　"地区模块"鼠标经过图片时效果

制作步骤如下：

步骤 1：把字体图标文件夹 fonts 及其中的文件移到 MeiPai 文件夹中。

步骤 2：搭建 HTML 文档结构。

(1) 在 MeiPai 文件夹中打开 index.html 文件，引入字体图标对应的 CSS 文件 font-awesome.min.css。

(2) 在 index.html 文件中编写地区模块 HTML 代码。完整 HTML 代码如下：

```html
<!DOCTYPE html>
<html lang="zh-CN">
<head>
    <meta charset="UTF-8">
    <meta http-equiv="X-UA-Compatible" content="IE=edge">
    <title>GL 美拍 - 首页</title>
    <!-- 引入字体图标的 css 文件 font-awesome.min.css -->
    <link rel="stylesheet" href="css/font-awesome.min.css">
    <!-- 引入通用的 common.css 文件 -->
    <link rel="stylesheet" href="css/common.css">
    <!-- 引入自身的 css 文件 index.css -->
    <link rel="stylesheet" href="css/index.css">
</head>
<body>
    <!--3. 地区模块  start -->
    <div class="main">
        <h2>专注拍摄 20 年  超 100 万新人的选择</h2>
        <h3>甄选全国十六大拍摄城市景区</h3>
        <div class="main-area">
          <!-- 栏目 -->
          <div class="area-group" id="area-group">
```

```html
      <span>海岛</span>
      <span class="active">山水</span>
      <span>文化</span>
  </div>
  <!-- 海岛 -->
  <div class="area-city d-hidden">
      <div class="item">
        <div class="img">
            <img src="images/m_icon_01.jpg" alt="">
        </div>
        <div class="name">舟山群岛</div>
        <a href="#">
            <div class="cover">
              <i class="fa fa-long-arrow-right"></i>
            </div>
        </a>
      </div>
      <div class="item">
        <div class="img">
            <img src="images/m_icon_02.jpg" alt="">
        </div>
        <div class="name">湄洲岛</div>
        <a href="#">
            <div class="cover">
              <i class="fa fa-long-arrow-right"></i>
            </div>
        </a>
      </div>
      <div class="item">
        <div class="img">
            <img src="images/m_icon_03.jpg" alt="">
        </div>
        <div class="name">涠洲岛</div>
        <a href="#">
            <div class="cover">
              <i class="fa fa-long-arrow-right"></i>
            </div>
        </a>
      </div>
      <div class="item">
```

```
            <div class="img">
                <img src="images/m_icon_04.jpg" alt="">
            </div>
            <div class="name">澎湖列岛</div>
            <a href="#">
                <div class="cover">
                    <i class="fa fa-long-arrow-right"></i>
                </div>
            </a>
        </div>
        <div class="item">
            <div class="img">
                <img src="images/m_icon_05.jpg" alt="">
            </div>
            <div class="name">南碇岛</div>
            <a href="#">
                <div class="cover">
                    <i class="fa fa-long-arrow-right"></i>
                </div>
            </a>
        </div>
        <div class="item">
            <div class="img">
                <img src="images/m_icon_06.jpg" alt="">
            </div>
            <div class="name">南麂岛</div>
            <a href="#">
                <div class="cover">
                    <i class="fa fa-long-arrow-right"></i>
                </div>
            </a>
        </div>
        <div class="item">
            <div class="img">
                <img src="images/m_icon_07.jpg" alt="">
            </div>
            <div class="name">庙岛列岛</div>
            <a href="#">
                <div class="cover">
                    <i class="fa fa-long-arrow-right"></i>
```

```
                    </div>
                </a>
            </div>
            <div class="item">
                <div class="img">
                    <img src="images/m_icon_08.jpg" alt="">
                </div>
                <div class="name">东山岛</div>
                <a href="#">
                    <div class="cover">
                        <i class="fa fa-long-arrow-right"></i>
                    </div>
                </a>
            </div>
            <div class="item">
                <div class="img">
                    <img src="images/m_icon_09.jpg" alt="">
                </div>
                <div class="name">花岙岛</div>
                <a href="#">
                    <div class="cover">
                        <i class="fa fa-long-arrow-right"></i>
                    </div>
                </a>
            </div>
            <div class="item">
                <div class="img">
                    <img src="images/m_icon_10.jpg" alt="">
                </div>
                <div class="name">嵊泗列岛</div>
                <a href="#">
                    <div class="cover">
                        <i class="fa fa-long-arrow-right"></i>
                    </div>
                </a>
            </div>
        </div>
        <!-- 山水 -->
        <div class="area-city">
            <div class="item">
```

```
          <div class="img">
            <img src="images/d_icon_01.jpg" alt="">
          </div>
          <div class="name">东江湖</div>
          <a href="#">
            <div class="cover">
              <i class="fa fa-long-arrow-right"></i>
            </div>
          </a>
        </div>
        <div class="item">
          div class="img">
            <img src="images/d_icon_02.jpg" alt="">
          </div>
          <div class="name">泸沽湖</div>
          <a href="#">
            <div class="cover">
              <i class="fa fa-long-arrow-right"></i>
            </div>
          </a>
        </div>
        <div class="item">
          <div class="img">
            <img src="images/d_icon_03.jpg" alt="">
          </div>
          <div class="name">漓江</div>
          <a href="#">
            <div class="cover">
              <i class="fa fa-long-arrow-right"></i>
            </div>
          </a>
        </div>
        <div class="item">
          <div class="img">
            <img src="images/d_icon_04.jpg" alt="">
          </div>
          <div class="name">东方月亮湾</div>
          <a href="#">
            <div class="cover">
              <i class="fa fa-long-arrow-right"></i>
```

```
            </div>
        </a>
    </div>
    <div class="item">
        <div class="img">
            <img src="images/d_icon_05.jpg" alt="">
        </div>
        <div class="name">云台山</div>
        <a href="#">
            <div class="cover">
                <i class="fa fa-long-arrow-right"></i>
            </div>
        </a>
    </div>
    <div class="item">
        <div class="img">
            <img src="images/d_icon_06.jpg" alt="">
        </div>
        <div class="name">楠溪江</div>
        <a href="#">
            <div class="cover">
                <i class="fa fa-long-arrow-right"></i>
            </div>
        </a>
    </div>
    <div class="item">
        <div class="img">
            <img src="images/d_icon_07.jpg" alt="">
        </div>
        <div class="name">新安江山水画廊</div>
        <a href="#">
            <div class="cover">
                <i class="fa fa-long-arrow-right"></i>
            </div>
        </a>
    </div>
    <div class="item">
        <div class="img">
            <img src="images/d_icon_08.jpg" alt="">
        </div>
```

```html
        <div class="name">屏山大峡谷</div>
        <a href="#">
          <div class="cover">
            <i class="fa fa-long-arrow-right"></i>
          </div>
        </a>
      </div>
      <div class="item">
        <div class="img">
          <img src="images/d_icon_09.jpg" alt="">
        </div>
        <div class="name">神农溪</div>
        <a href="#">
          <div class="cover">
            <i class="fa fa-long-arrow-right"></i>
          </div>
        </a>
      </div>
      <div class="item">
        <div class="img">
          <img src="images/d_icon_10.jpg" alt="">
        </div>
        <div class="name">三峡人家</div>
        <a href="#">
          <div class="cover">
            <i class="fa fa-long-arrow-right"></i>
          </div>
        </a>
      </div>
    </div>
    <!-- 文化 -->
    <div class="area-city d-hidden">
      <div class="item">
        <div class="img">
          <img src="images/h_icon_01.jpg" alt="">
        </div>
        <div class="name">杜甫草堂</div>
        <a href="#">
          <div class="cover">
            <i class="fa fa-long-arrow-right"></i>
```

```
            </div>
        </a>
    </div>
    <div class="item">
        <div class="img">
            <img src="images/h_icon_02.jpg" alt="">
        </div>
        <div class="name">鼓浪屿</div>
        <a href="#">
            <div class="cover">
                <i class="fa fa-long-arrow-right"></i>
            </div>
        </a>
    </div>
    <div class="item">
        <div class="img">
            <img src="images/h_icon_03.jpg" alt="">
        </div>
        <div class="name">黄桃古镇</div>
        <a href="#">
            <div class="cover">
                <i class="fa fa-long-arrow-right"></i>
            </div>
        </a>
    </div>
    <div class="item">
        <div class="img">
            <img src="images/h_icon_04.jpg" alt="">
        </div>
        <div class="name">清明上河园</div>
        <a href="#">
            <div class="cover">
                <i class="fa fa-long-arrow-right"></i>
            </div>
        </a>
    </div>
    <div class="item">
        <div class="img">
            <img src="images/h_icon_05.jpg" alt="">
        </div>
```

```
                <div class="name">刘公岛</div>
                <a href="#">
                    <div class="cover">
                        <i class="fa fa-long-arrow-right"></i>
                    </div>
                </a>
            </div>
            <div class="item">
                <div class="img">
                    <img src="images/h_icon_06.jpg" alt="">
                </div>
                <div class="name">莫高窟</div>
                <a href="#">
                    <div class="cover">
                        <i class="fa fa-long-arrow-right"></i>
                    </div>
                </a>
            </div>
            <div class="item">
                <div class="img">
                    <img src="images/h_icon_07.jpg" alt="">
                </div>
                <div class="name">王家大院</div>
                <a href="#">
                    <div class="cover">
                        <i class="fa fa-long-arrow-right"></i>
                    </div>
                </a>
            </div>
            <div class="item">
                <div class="img">
                    <img src="images/h_icon_08.jpg" alt="">
                </div>
                <div class="name">大足石刻</div>
                <a href="#">
                    <div class="cover">
                        <i class="fa fa-long-arrow-right"></i>
                    </div>
                </a>
            </div>
```

```html
                <div class="item">
                    <div class="img">
                        <img src="images/h_icon_09.jpg" alt="">
                    </div>
                    <div class="name">皖南古村落</div>
                    <a href="#">
                        <div class="cover">
                            <i class="fa fa-long-arrow-right"></i>
                        </div>
                    </a>
                </div>
                <div class="item">
                    <div class="img">
                        <img src="images/h_icon_10.jpg" alt="">
                    </div>
                    <div class="name">锦绣中华民俗村</div>
                    <a href="#">
                        <div class="cover">
                            <i class="fa fa-long-arrow-right"></i>
                        </div>
                    </a>
                </div>
            </div>
        </div>
    </div>
    <!-- 3. 地区模块  end -->
    <!-- 4. 视频简介模块  start -->
    <div class="main main-intro">...
    </div>
    <!-- 4. 视频简介模块  end -->
    <!-- 9. 用户评价模块  start -->
    <div class="main-ping">...
    </div>
    <!-- 9. 用户评价模块  end -->
    <!-- 12. 底部模块  start -->
    <footer class="footer">...
    </footer>
    <!-- 12. 底部模块  end -->
</body>
</html>
```

步骤 3：美化"地区模块"效果。

(1) 打开 MeiPai 文件夹中的 index.css 文件。

(2) 在 index.css 文件中添加"地区模块"样式，并将其放到"4. 视频简介模块"样式前边。其完整 CSS 代码如下：

```css
/* 3. 地区模块 */
h3 {
    font-size: 18px;
    line-height: 18px;
    text-align: center;
    margin-top: 20px;
    color: #999;
}
.d-hidden {
    display: none !important;
}
.main {
    width: 88%;
    margin: 70px auto 0;
}
.main-area {
    margin-top: 50px;
}
.main-area .area-group {
    height: 68px;
    display: flex;
}
.main-area .area-group span {
    flex: 1;
    text-align: center;
    line-height: 68px;
    font-size: 20px;
    letter-spacing: 10px;
    color: #079baf;
    border: 1px solid #079baf;
    transition: all 1s;
}
.main-area .area-group span:nth-child(2) {
    border-left: 0;
    border-right: 0;
```

```
    }
    .main-area .area-group .active {
      background-color: #079baf;
      color: #fff;
      font-weight: 700;
    }
    .main-area .area-city {
      display: flex;
      flex-wrap: wrap;
      padding: 10px 10px 0;
      border: 1px solid #0ab4cb;
      border-top: 0;
    }
    .main-area .area-city .item {
      position: relative;
      width: 16%;
      margin-bottom: 10px;
      margin-right: 0.8%;
    }
    .main-area .area-city .item .img img {
      width: 100%;
    }
    .main-area .area-city .item:nth-child(6n) {
      margin-right: 0;
    }
    .main-area .area-city .item .name {
      position: absolute;
      bottom: 0;
      left: 0;
      right: 0;
      z-index: 9999;
      height: 30px;
      line-height: 30px;
      text-align: center;
      background-color: rgba(255, 255, 255, 0.8);
      transition: all 1s;
    }
    .main-area .area-city .item .cover {
      position: absolute;
```

```
        bottom: 30px;
        right: 0;
        top: 0;
        left: 0;
        height: 0;
        background-color: rgba(0, 0, 0, 0.5);
        opacity: 0;
        transition: all 1s;
    }
    .main-area .area-city .item .cover i {
        position: absolute;
        top: 50%;
        left: 50%;
        transform: translate(-50%, -50%);
        color: #0ab4cb;
        display: block;
        width: 60px;
        height: 60px;
        text-align: center;
        line-height: 60px;
        font-size: 30px;
        background-color: #fff;
        border-radius: 50%;
    }
    .main-area .area-city .item:hover .name {
        background-color: rgba(0, 0, 0, 0.5);
        color: #fff;
        font-weight: bold;
    }
    .main-area .area-city .item:hover .cover {
        height: 100%;
        opacity: 1;
    }
    /* 4. 视频简介模块*/
    /* 9. 用户评价模块 */
    /* 12. 底部模块 */
```

步骤 4：给"视频简介模块"添加播放按钮效果。

(1) 由于添加了字体图标内容，视频播放按钮显示出来，因此需要对其进行定位处理。

(2) 打开 MeiPai 文件夹中的 index.css 文件。

(3) 在"4. 视频简介模块"样式下继续添加如下代码：

```
/* 4. 视频简介模块*/
/* 项目 3 拓展训练 css 代码省略…… */
/*添加播放按钮样式*/
.video-box {
    position: relative;
}
.playBtn {
    position: absolute;
    top: 50%;
    left: 50%;
    transform: translate(-50%, -50%);
    width: 80px;
    height: 80px;
    font-size: 80px;
    color: #fff;
}
/* 9. 用户评价模块 */
```

"地区模块"鼠标经过图片时效果如图 6.20 所示。

图 6.20　"地区模块"鼠标经过图片时效果

说明：

"地区模块"鼠标经过图片时效果是采用过渡属性来实现的，上面向右的箭头使用了字体图标，并需要字体图标文件夹 fonts 中的文件及字体图标样式文件。

项目 7

网页交互功能——JavaScript 的应用

❖ 知识目标
- 理解 JavaScript 的基本概念及在网页中的主要作用。
- 掌握 JavaScript 的引入方法及基本语法。
- 理解并掌握 JavaScript 对象的使用方法。
- 掌握 JavaScript 的事件处理方法。

❖ 能力目标
- 会用 JavaScript 实现简单的网页交互功能。
- 会用 JavaScript 实现图片轮播效果。

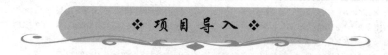

"旅行家——图片轮播"页面效果展示

JavaScript 是 Web 页面中的一种脚本语言，常用来为网页添加各式各样的动态功能，为用户提供更流畅美观的浏览效果。本项目将使用 JavaScript 制作"旅行家——图片轮播"模块。完成效果如图 7.1 所示。

图 7.1 "旅行家——图片轮播"页面

JavaScript 是一种高级脚本语言，已经被广泛用于 Web 应用开发。熟悉 JavaScript，能为网页添加各式各样的动态功能，为用户提供更流畅美观的浏览效果。

一、JavaScript 简介

1. JavaScript 的概念

JavaScript 是一种逐行执行的脚本语言。除了 JavaScript，网页相关前端技术还包括 Ajax(实现浏览器与服务器异步交互)及 Node.js(在服务器端使用的 JavaScript 代码)等。

JavaScript 在网页中的用处很多，它可以对事件作出响应，可以将 JavaScript 设置为当某事件发生时才被执行。例如：

(1) 页面载入完成或者用户单击某个 HTML 元素时发生相应的动作。如图 7.2 所示的"Tab 栏目切换"，当用户将鼠标分别移至"图片""专栏""热点"等时，对应的内容将会切换。

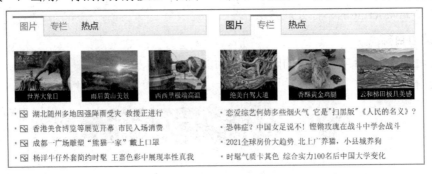

图 7.2　Tab 栏目切换

(2) JavaScript 可以读写 HTML 元素，在数据被提交到服务器之前，JavaScript 还可验证这些数据，如图 7.3 所示。

图 7.3　注册页面

(3) JavaScript 可以检测访问者的浏览器，并为这个浏览器载入相应的页面。

(4) JavaScript 可以创建 cookies，还可以存储和取回位于访问者计算机中的信息等。

2. JavaScript 的特点

JavaScript 是一种描述性语言，也是一种基于对象(Object)和事件驱动(Event Driven)的，并具有安全性的脚本语言。它最初由网景(现在的 Mozilla)公司创建，主要有以下特点：

(1) 解释性。JavaScript 是一种解释性语言，由浏览器解释并执行代码，不进行预编译。

(2) 基于对象。JavaScript 是一种基于对象的脚本语言，它不仅可以创建对象，也能使用现有的对象，语法和 Java 类似。

(3) 动态性。JavaScript 一般用来编写客户端的脚本，它不需要经过 Web 服务器就可以对用户的输入作出响应。当访问一个网页时，在网页中进行鼠标点击或上下移动、窗口移动等操作，JavaScript 都可直接对这些事件作出相应的响应。

(4) 跨平台性。JavaScript 脚本语言不依赖于操作系统，在绝大多数浏览器的支持下，可以在多种平台下运行(如 Windows、Linux、Mac、Android、iOS 等)。

3. JavaScript 的组成

JavaScript 主要由以下三大组成部分：

(1) ECMAScript：JavaScript 的核心，描述了语言的基本语法(var、for、if、array 等)和数据类型(数字、字符串、布尔、函数、对象(obj、[]、{}、null)、未定义)。

(2) 浏览器对象模型(Browser Object Model，BOM)：可对浏览器窗口进行访问和操作，如弹出新的浏览器窗口，移动、改变和关闭浏览器窗口，提供详细的网络浏览器信息(Navigator Object)、页面信息(Location Object)、用户屏幕分辨率信息(Screen Object)，对 cookies 的支持，等等。BOM 作为 JavaScript 的一部分并没有相关标准的支持，每一个浏览器都有自己的实现方式。虽然有一些非事实的标准，但还是给开发者带来了一定的麻烦。

(3) 文档对象模型(Document Object Model，DOM)：HTML 和 XML 的应用程序接口(API)。DOM 将整个页面规划成由节点层级构成的文档。HTML 或 XML 页面的每个部分都是一个节点的衍生物。例如：

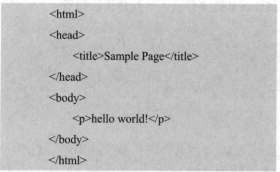

```
<html>
<head>
    <title>Sample Page</title>
</head>
<body>
    <p>hello world!</p>
</body>
</html>
```

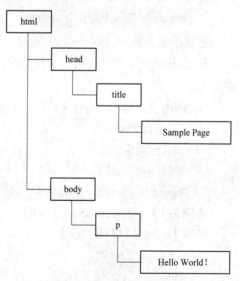

图 7.4 DOM 节点层次图

可以用 DOM 绘制出如图 7.4 所示的节点层次图。

DOM 通过创建树来表示文档，从而使开发者对文档的内容和结构具有空前的控制力。使用 DOM API 可以轻松地删除、添加和替换节点(getElementById、childNodes、appendChild、innerHTML)。

4. JavaScript 的执行原理

(1) 浏览器客户端向服务器端发送请求(即用户在浏览器地址栏中输入地址)。

(2) 数据处理：服务器端将某个包含 JavaScript 的页面进行处理。

(3) 发送响应：服务器端将含有 JavaScript 的 HTML 文件进行处理，并将页面发送到浏览器客户端，然后由浏览器客户端从上至下逐条解析 HTML 标签和 JavaScript 标签，最后将页面效果呈给用户。

二、JavaScript 的基本语法

1. JavaScript 的引入方式

通常，JavaScript 脚本是通过嵌入在 HTML 中来实现自身的功能的。在 HTML 文档中引入 JavaScript 有三种方式，即嵌入式、外链式、行内式。

(1) 嵌入式：将代码直接写在 HTML 文档中。通过<script>标签及其相关属性可以引入 JavaScript 代码。当浏览器读取<script>标签时，就解释执行其中的脚本。具体语法如下：

```
// HTML5 中默认脚本类型为 JavaScript，编写时可省略 type 属性
<script type="text/javascript">
    // JavaScript 代码
</script>
```

(2) 外链式：创建 js 文件，使用 src 属性引入文件。当脚本代码比较复杂或者同一段代码需要被多个网页文件使用时，可以将这些脚本代码放置在一个扩展名为.js 的文件中，然后通过外链式引入该 js 文件。具体语法如下：

```
<script src="js 文件路径"></script>
```

注意：使用嵌入式或外链式时，JavaScript 代码可放在 HTML 文档的<head>标签内，也可放在<body>标签中，或元素标签后。JavaScript 代码放在不同的位置会影响程序的运行顺序。

(3) 行内式：使用<html>标记中的 href 属性或通过事件引入。具体语法如下：

```
// 通过 href 属性引入
<a href="响应函数;"></a>
// 通过事件引入
<input type="button" onclick="响应函数;" />
```

【例 7-1】 引入 JavaScript 代码。

步骤 1：定义 HTML 文档。

```
<!DOCTYPE html>
<html>
<head>
    <meta charset="UTF-8">
    <title>引入 JavaScript</title>
    <!-- 使用外链式引入 -->
    <script type="text/javascript" src="7-1.js"></script>
```

```
    </head>
    <body>
        <!-- 使用行内式引入 -->
        <!-- 单击按钮，调用 hello()函数 -->
        <button onclick="hello()">欢迎</button>
        <br>
        <!-- 使用内嵌式引入 -->
        <script type="text/javascript">
            // 使用 document.write()方法，在页面中输出文字
            document.write("JavaScript 学习第一课");
        </script>
    </body>
</html>
```

步骤 2：定义 js 文件。

```
function hello(){
    alert("欢迎学习 JavaScript！");
    }
```

运行例 7-1，得到图 7.5 所示效果。单击"欢迎"按钮，调用 js 文件中定义的响应函数 hello()，弹出警示框，如图 7.6 所示。

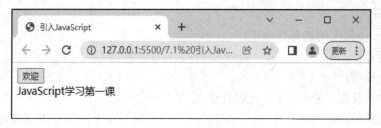

图 7.5　引入 JavaScript 效果

图 7.6　单击按钮调用响应函数

2. JavaScript 的基本语法

1) 常用输出语句

JavaScript 常用输出语句如下：

- window.alert()：写入警示框。
- document.write()：写入 HTML 输出。
- console.log()：写入浏览器控制台。

2) 注释

JavaScript 注释语句语法格式如下：

```
// 单行注释
/* 多行注释 */
```

3) 数据类型

JavaScript 的数据类型根据存储方式的不同，可分为值类型和引用类型。

- 值类型：数据直接存储在堆中，变量存储的是简单的数据段，是具体的值，是轻量级的数据，包括整型、浮点型、布尔型等。
- 引用类型：变量存储的是对象引用地址，数据的存储位置存储在堆中，具体数据存储在栈中，包括数组、对象等。

4) 变量与常量的声明

在 JavaScript 中声明变量和常量，主要是用以下语句：

- var：声明变量。
- let：声明仅在块级作用范围内有效的变量，如 if 循环中的迭代条件。
- const：声明常量。

5) 运算符

JavaScript 中常用的运算符如下：

- 数学运算符：+、-、*、/、%、++、--。
- 连接运算符：+。
- 字符串：使用单引号 "'" 或双引号 """。
- 比较运算符：>、<、==、>=、<=、!==、===(绝对等于：值和类型均相等)。

6) 流程控制语句

在 JavaScript 中，程序流程控制可分为顺序结构、分支结构及循环结构。

- 顺序结构：标准的从上往下执行。
- 分支结构：也称选择结构，通过对给定的条件进行判断，从而决定执行两个或多个分支中的哪一支。分支结构主要包括 if 语句、switch 语句。
- 循环结构：根据判断条件的结果，选择是否重复执行某段代码的结构。循环结构主要包括 for 语句、while 语句。

在流程控制语句中，还经常使用 break 语句及 continue 语句来实现程序跳转。其中：break 语句表示跳出当前分支或循环；continue 语句表示跳出当次分支或循环，进入下一次循环。

7) 函数

函数用于封装一段完成特定功能的代码。用户在使用时只需关注参数及返回值，就能完成特定功能。JavaScript 中定义函数的语法格式如下：

```
    function  函数名(形参 1，形参 2，…){
        函数体；
        return  返回值；
    }
```

其中：形参是定义函数时使用的参数；返回值是指函数的返回值，不定义时返回值为 undefined。而实参是调用函数时传入的参数。

【例 7-2】 数组嵌套实现省份城市的三级联动，代码如下：

```html
<!DOCTYPE html>
<html>
<head>
    <meta charset="UTF-8">
    <title>省份城市的三级联动</title>
</head>
<body>
    <form>
        <select id="province">
            <option value="-1">请选择</option>
        </select>
        <select id="city"></select>
        <select id="country"></select>
    </form>
    <script>
        // 省份数组
        var provinceArr = ['上海市', '江苏省', '河南省'];
        // 城市数组
        var cityArr = [
            ['上海市'],
            ['苏州市', '南京市', '扬州市'],
            ['郑州市', '洛阳市', '新乡市', '南阳市']
        ];
        // 区域数组
        var countryArr = [
            [['徐汇区', '浦东区', '静安区', '黄浦区', '长宁区']],
            [['虎丘区', '吴中区', '相城区', '姑苏区', '吴江区'], ['玄武区', '秦淮区', '鼓楼区', '浦口区'],
['广陵区', '江都区']],
            [['二七区', '金水区', '中原区', '郑东新区', '管城区', '中牟县', '新郑市',], ['涧西区', '老
城区', '西工区'], ['卫滨区', '红旗区', '凤泉区'], ['宛城区', '卧龙区']]
        ];
        // 第 1 步
```

```
        function createOption(obj, data) {
            for (var i in data) {
                var op = new Option(data[i], i);        // 创建下拉列表中的 option 选项
                obj.options.add(op);                    // 将选项添加到下拉列表中
            }
        }
        var province = document.getElementById('province');
        createOption(province, provinceArr);
        // 第 2 步
        var city = document.getElementById('city');
        province.onchange = function () {
            city.options.length = 0;                    // 清空 city 下原有的<option>
            createOption(city, cityArr[province.value]);
            if (province.value >= 0) {
                city.onchange();                        // 自动添加城市对应区域下拉列表
            } else {
                country.options.length = 0;             // 清空 country 下原有的<option>
            }
        };
        // 第 3 步
        var country = document.getElementById('country');
        city.onchange = function () {
            country.options.length = 0;                 // 清空 country 下所有原有的<option>
            createOption(country, countryArr[province.value][city.value]);
        };
    </script>
  </body>
</html>
```

省份城市的三级联动效果如图 7.7 所示，单击下拉菜单可对省、市、区进行选择。

图 7.7　省份城市的三级联动效果

8) JavaScript 对象

JavaScript 是基于对象的脚本语言,在 JavaScript 中,所有类都是基类 Object 类的子类。定义和使用类的基本语法如下:

```
// 定义类
function  类名(参数) {
    // 初始化类的属性
    this.属性名 = 属性值;
    ⋮
    // 初始化类的方法
    function  方法名(参数) {
        // 方法体
    }
}
// 类的实例化
var  对象名 = new  类名(参数);
// 获取类的属性
对象名.属性名
// 调用类的方法
对象名.方法名(参数)
```

JavaScript 中提供了大量的内置对象供用户使用,具体如下:

- Array:数组类。
- Date:日期类。
- Error:错误类。
- Function:函数类。
- Math:数学类。该对象包含相当多的执行数学运算的方法。
- Number:数值类。
- Object:对象类。
- String:字符串类。

【例 7-3】 获取当前时间,代码如下:

```
<!DOCTYPE html>
<html>
<head>
    <meta charset="UTF-8">
    <title>获取当前时间</title>
</head>
<body>
    <script type="text/javascript">
        var today = new Date();
        document.write("现在是: " + today.getFullYear() + "年" + (today.getMonth() + 1) + "月" +
```

```
today.getDate() + "日<br/>");
            document.write("本地时间格式：" + today.toLocaleString() + "<br/>");
            document.write("格林尼治标准时间：" + today.toGMTString() + "<br/>");
        </script>
    </body>
```

执行例 7-3 代码，输出图 7.8 所示效果。

图 7.8　获取当前时间效果

三、DOM 对象

DOM(文档对象模型)用于完成 HTML 和 XML 文档的操作，即对所有元素进行获取、访问、标签属性和样式的设置。在 JavaScript 中利用 DOM 操作 HTML 元素和 CSS 样式。

1. DOM 节点树

DOM 节点树主要包括以下元素：

(1) DOM HTML：DOM 中为操作 HTML 文档提供的属性和方法。

(2) element：HTML 中的标签元素。

(3) node：节点，即文档中的所有内容。节点分为标签节点、文本节点、属性节点，其中标签节点又称为元素节点，而文档中的注释则称为注释节点。

DOM 将网页中文档的对象关系规划为节点层级，构成它们之间的等级关系。这种各对象间的层次结构称为节点树。图 7.9 所示就是一个文档与对应的层次结构(即 DOM 树)。

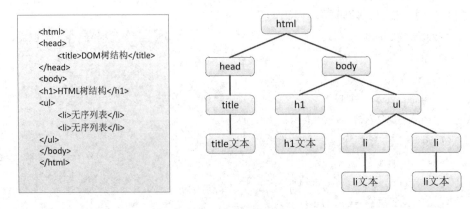

图 7.9　文档与对应的层次结构

　　一个文档的树形结构就是由各种不同的节点组成的。文档对象节点树有以下特点：每个节点树有一个根节点；除了根节点，每个节点都有一个父节点；每个节点都可以有许多子节点；具有相同父节点的节点叫作"兄弟节点"。

　　通过对象模型，JavaScript 可以对节点实现如下操作：

(1) 改变页面中的所有 HTML 元素内容。

(2) 改变页面中的所有 HTML 属性。

(3) 改变页面中的所有 CSS 样式。

(4) 删除已有的 HTML 元素和属性。

(5) 添加新的 HTML 元素和属性。

(6) 对页面中所有已有的 HTML 事件作出反应。

(7) 在页面中创建新的 HTML 事件。

2. 节点的访问

1) 访问指定元素

　　一个元素对象可以拥有元素节点、文本节点、子节点或其他类型的节点。访问指定元素的常用方法如表 7.1 所示。

表 7.1　访问指定元素的常用方法

方　法	说　明
getElementById(id)	获取拥有指定 id 的第一个元素对象的引用
getElementsByName(name)	获取带有指定名称的元素对象集合
getElementsByTagName(name)	获取带有指定标签名的元素对象集合
getElementsByClassName(name)	获取指定类名的元素对象集合

2) 访问相关元素

　　引用完一个页面元素对象后，可以使用 DOM 节点对象的 parentNode、childNodes、firstChild、lastChild、previousSibling 或 nextSibling 属性访问相对于该页面元素的父、子或兄弟元素。访问相关元素的方法如表 7.2 所示。

表 7.2　访问相关元素的方法

属　性	说　明
parentNode	元素节点的父节点
childNodes	元素节点的子节点数组
firstChild	第一个子节点
lastChild	最后一个子节点
previousSibling	前一个兄弟节点
nextSibling	后一个兄弟节点

3. 元素对象常用操作

由于 HTML DOM 将 HTML 文档表示为一棵 DOM 树，每个节点对象表示文档的特定部分，因此通过修改这些对象，就可以动态改变页面元素的属性。修改页面元素的方法如表 7.3 所示。

表 7.3　修改页面元素的方法

方　法	说　　明
createElement()	创建元素节点
createTextNode()	创建文本节点
appendChild()	为当前节点增加一个子节点(作为最后一个子节点)
insertBefore()	为当前节点增加一个子节点(插入指定子节点之前)
removeChild()	删除当前节点的某个子节点

createElement()是在对象中创建一个对象，要与 appendChild()或 insertBefore()方法联合使用。其中：appendChild()方法在节点的子节点列表末添加新的子节点；insertBefore()方法在节点的子节点列表任意位置插入新的节点。

4. 元素属性与内容操作

除了可以对元素进行添加、删除等操作外，还可以对元素的属性和内容进行修改，具体方法如表 7.4 所示。

表 7.4　元素属性与内容操作

类型	属性/方法	说　　明
元素内容	innerHTML	获取或设置元素的 HTML 内容
样式属性	className	获取或设置元素的 class 属性
	style	获取或设置元素的 style 样式属性
位置属性	offsetWidth、offsetHeight	获取或设置元素的宽和高(不含滚动条)
	scrollWidth、scrollHeight	获取或设置元素完整的宽和高(含滚动条)
	offsetTop、offsetLeft	获取或设置包含滚动条且距上边或左边滚动过的距离
	scrollTop、scrollLeft	获取或设置元素在网页中的坐标
属性操作	getAttribute()	获得元素指定属性的值
	setAttribute()	为元素设置新的属性
	removeAttribute()	为元素删除指定的属性

5. 元素样式操作

在操作元素属性时，style 属性可以修改元素的样式，className 属性可以修改元素的类名，通过这两种方法即可完成元素的样式操作。下面针对 style 和 className 属性进行详细讲解。

1) style 属性

每个元素对象都有一个 style 属性，使用这个属性可以动态调整元素的内嵌样式，从而获得所需要的效果。常用 style 属性如表 7.5 所示。

表 7.5　常用 style 属性

名　称	说　明
background	设置或返回元素的背景属性
backgroundColor	设置或返回元素的背景色
display	设置或返回元素的显示类型
height	设置或返回元素的高度
left	设置或返回定位元素的左部位置
listStyleType	设置或返回列表项标记的类型
overflow	设置或返回如何处理呈现在元素框外面的内容
textAlign	设置或返回文本的水平对齐方式
textDecoration	设置或返回文本的修饰
textIndent	设置或返回文本第一行的缩进
transform	向元素应用 2D 或 3D 转换

2) className 属性

元素对象的 className 属性用于切换元素的类名，或为元素追加类名。

【例 7-4】　添加节点，代码如下：

```html
<!DOCTYPE html>
<html>
<head>
    <meta charset="UTF-8">
    <title>添加节点</title>
</head>
<body>
    <div id="father" style="height: 200px;width: 400px;">
        <p id="p1">node1</p>
        <p id="p2">node2</p>
        <button id='append' onclick="addnode()">添加节点</button>
    </div>
</body>
<script type="text/javascript">
    function addnode() {
        var child = document.createElement('p');
        var father = document.getElementById('father');
        child.innerHTML = "This is a test";
        child.style.color = "red"
        father.appendChild(child);
    }
```

```
    </script>
    </html>
```

代码编写完成后，打开页面，单击"添加节点"按钮，就会在按钮下方添加段落节点，如图 7.10 所示。

图 7.10　添加节点效果

四、BOM 对象

BOM(浏览器对象模型)提供了一系列对象，用于与浏览器窗口进行交互。BOM 对象包括 window(窗口)、navigator(浏览器程序)、screen(屏幕)、location(地址)、history(历史)和 document(文档)等对象。其中，window 对象是浏览器的窗口，它是整个 BOM 的核心，位于 BOM 对象的最顶层。BOM 对象的层次结构如图 7.11 所示。

图 7.11　BOM 对象的层次结构

window 的子对象包括：

• document(文档对象)：DOM 对象(即 BOM 对象的子对象)，是 HTML 页面当前窗体的内容。

• frame(框架对象)：包含了框架的版面布局信息，以及每一个框架所对应的窗口对象。

• history(历史对象)：主要用于记录浏览器的访问历史记录，也就是浏览网页的前进与后退功能。

• location(地址栏对象)：用于获取当前浏览器中 URL 地址栏内的相关数据。

• navigator(浏览器对象)：用于获取浏览器的相关数据，如浏览器的名称、版本，也称为浏览器的嗅探器。

• screen(屏幕对象)：可获取与屏幕相关的数据，例如屏幕的分辨率等。

下面只介绍其中几种对象。

1. window 对象

window 对象表示整个浏览器窗口，用于获取浏览器窗口的大小、位置，或设置定时器等。window 对象常用的属性和方法如表 7.6 所示。

表 7.6　window 对象常用的属性和方法

属性/方法	说　明
document、history、location、navigator、screen	返回相应对象的引用。例如，document 属性返回 document 对象的引用
parent、self、top	分别返回父窗口、当前窗口和最顶层窗口的对象引用
screenLeft、screenTop、screenX、screenY	返回窗口的左上角，在屏幕上的 x、y 坐标。Firefox 不支持 screenLeft、screenTop，IE8 及更早的 IE 版本不支持 screenX、screenY
innerWidth、innerHeight	分别返回窗口文档显示区域的宽度和高度
outerWidth、outerHeight	分别返回窗口的外部宽度和高度
closed	返回当前窗口是否已被关闭的布尔值
opener	返回对创建此窗口的窗口引用
open()、close()	打开或关闭浏览器窗口
alert()、confirm()、prompt()	分别表示弹出警告框、确认框、用户输入框
moveBy()、moveTo()	以窗口左上角为基准移动窗口，moveBy()表示按偏移量移动，moveTo()表示移动到指定的屏幕坐标
scrollBy()、scrollTo()	scrollBy()表示按偏移量滚动内容，scrollTo()表示滚动到指定的坐标
setTimeout()、clearTimeout()	设置或清除普通定时器
setInterval()、clearInterval()	设置或清除周期定时器

注意：window 对象是最顶层对象，调用它的属性和方法时，可以省去 window。例如，使用 alert()弹出一个警告提示框，完整的写法应该是 window.alert()，即调用 window 对象的 alert()方法。

2. document 对象

document 对象用于处理网页文档，通过该对象可以访问文档中所有的元素。document 对象常用的属性和方法如表 7.7 所示。

表 7.7　document 对象常用的属性和方法

属性/方法	说　明
body	访问 body 元素
lastModified	获取文档的最后修改日期和时间
referrer	获取该文档的来路 URL 地址，当文档通过超链接被访问时有效
title	获取当前文档的标题
write()	向文档写 HTML 或 JavaScript 代码

3. location 对象

location 对象用于获取和设置当前网页的 URL 地址，其常用的属性和方法如表 7.8 所示。

表 7.8　location 对象常用的属性和方法

属性/方法	说　　明
hash	获取或设置 URL 中的锚点，例如 "#top"
host	获取或设置 URL 中的主机名，例如 "itcast.cn"
port	获取或设置 URL 中的端口号，例如 "80"
href	获取或设置整个 URL，例如 "http://www.itcast.cn/1.html"
pathname	获取或设置 URL 的路径部分，例如 "/1.html"
protocol	获取或设置 URL 的协议，例如 "http:"
search	获取或设置 URL 地址中的 GET 请求部分，例如 "?name=haha&age=20"
reload()	重新加载当前文档

4. history 对象

history 对象最初的设计和浏览器的历史访问记录有关，但出于隐私方面的考虑，该对象不再允许获取用户访问过的 URL 历史。history 对象主要用于控制浏览器的前进和后退，其常用的属性和方法如表 7.9 所示。

表 7.9　history 对象常用的属性和方法

属性/方法	说　　明
back()	加载历史记录中的前一个 URL(相当于后退)
forward()	加载历史记录中的后一个 URL(相当于前进)
go()	加载历史记录中的某个页面

5. screen 对象

screen 对象用于获取用户计算机的屏幕信息，例如屏幕分辨率、颜色位数等。screen 对象常用的属性和方法如表 7.10 所示。

表 7.10　screen 对象常用的属性和方法

属　性	说　　明
width、height	屏幕的宽度和高度
availWidth、availHeight	屏幕的可用宽度和可用高度(不包括 Windows 任务栏)
colorDepth	屏幕的颜色位数

【例 7-5】　设置定时跳转页面，代码如下：

```html
<!DOCTYPE html>
<html lang="en">

<head>
    <meta charset="UTF-8">
    <meta http-equiv="X-UA-Compatible" content="IE=edge">
```

```html
        <meta name="viewport" content="width=device-width, initial-scale=1.0">
        <title>定时跳转页面</title>
    </head>
    <body>
        <p style="text-align: center;">
            <span id="time" style="color: red;">5</span>秒之后，自动跳转百度首页
        </p>
        <script>
            var second = 5;
            function showtime() {
                second--;
                // 判断时间，如果 second<=0，则跳转
                if (second <= 0) {
                    location.href = "https://www.baidu.com";
                }
                var time = document.getElementById("time");
                time.innerHTML = second + "";
            }
            // 设置定时器
            setInterval(showtime, 1000);
        </script>
    </body>
</html>
```

定时跳转页面效果如图 7.12 所示。页面中倒计时 5 秒后自动跳转到百度首页。

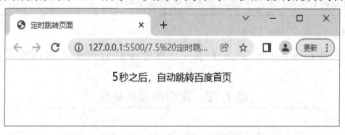

图 7.12　定时跳转页面效果

五、事件

事件是交互的桥梁，用户可以通过多种方式与浏览器载入的页面进行交互。Web 应用程序开发者通过 JavaScript 脚本内置的和自定义的事件来响应用户的动作，以开发出更有交互性、动态性的页面。最常见的 JavaScript 事件有鼠标交互事件、键盘事件和表单事件等。

1. JavaScript 事件与事件处理

采用事件驱动是 JavaScript 语言的一个最基本特征。所谓的事件，是指用户在访问页

面时执行的操作。事件处理就是指与事件关联的 JavaScript 对象，当与页面特定部分关联的事件发生时，事件处理器就会被调用。事件处理的过程通常分为三步，具体如下：

(1) 发生事件；

(2) 启动事件处理程序；

(3) 事件处理程序作出反应。

在使用事件处理程序对页面进行操作时，关键在于如何通过对象的事件来调用事件处理程序。在 JavaScript 中，调用事件处理程序的方法有两种，具体如下：

(1) 在 JavaScript 中调用事件处理程序。首先需要获得处理对象的引用，然后将要执行的处理函数赋值给对应的事件。

(2) 在 HTML 中调用事件处理程序。只需要在 HTML 标记中添加相应的事件，并在其中指定要执行的代码或函数名即可。

2. 事件对象

在 JavaScript 中，当发生事件时，都会产生一个事件对象 event。这个对象包括所有与事件相关的信息，如 DOM 元素、事件类型及与特定时间相关的信息。

3. 事件分类

根据监听的对象不同，常见的事件可以分为页面事件、鼠标事件、表单事件、键盘事件等。

1) 页面事件

页面事件是指通过页面触发的事件。常用的页面事件如表 7.11 所示。

表 7.11　常用的页面事件

事　件	事 件 说 明
onload	当页面加载完成时触发此事件
onunload	当页面卸载时触发此事件

2) 鼠标事件

鼠标事件是指通过鼠标动作触发的事件。鼠标事件有很多，常用的鼠标事件如表 7.12 所示。

表 7.12　常用的鼠标事件

事　件	事 件 说 明
onclick	单击鼠标时触发此事件
ondblclick	双击鼠标时触发此事件
onmousedown	按下鼠标时触发此事件
onmouseup	松开鼠标时触发此事件
onmouseover	将鼠标移动到某个设置了此事件的元素上时触发此事件
onmousemove	移动鼠标时触发此事件
onmouseout	当鼠标从某个设置了此事件的元素上离开时触发此事件

3) 表单事件

表单事件是指通过表单触发的事件。例如，在用户注册的表单中可以通过表单事件完成用户名合法性检查、唯一性检查、用户密码合法性检查，等等。常用的表单事件如表 7.13 所示。

表 7.13　常用的表单事件

事　件	事　件　说　明
onblur	当前元素失去焦点时触发此事件
onchange	当前元素失去焦点且元素内容发生改变时触发此事件
onfocus	当某个元素获得焦点时触发此事件
onreset	当表单被重置时触发此事件
onsubmit	当表单被提交时触发此事件

4) 键盘事件

键盘事件是指通过键盘动作触发的事件，常用于检查用户向页面输入的内容。常用的键盘事件如表 7.14 所示。

表 7.14　常用的键盘事件

事　件	事　件　说　明
onkeydown	当键盘上的某个按键被按下时触发此事件
onkeyup	当键盘上的某个按键被按下后弹起时触发此事件
onkeypress	当输入有效的字符按键时触发此事件

【例 7-6】　表单验证。

(1) 编写 HTML 代码，具体如下：

```html
<!DOCTYPE html>
<html lang="en">
<head>
    <meta charset="UTF-8">
    <meta http-equiv="X-UA-Compatible" content="IE=edge">
    <meta name="viewport" content="width=device-width, initial-scale=1.0">
    <title>表单验证</title>
    <link rel="stylesheet" href="7.6 表单验证.css">
</head>

<body>
    <h2>增加管理员</h2>
    <form action="">
        <table>
            <tbody>
```

```html
        <tr>
            <td>姓名：</td>
            <td><input type="text" name="username"><span>*</span></td>
            <td>
                <div>5~10 个字符以内的字母、数字和下划线组合</div>
            </td>
        </tr>
        <tr>
            <td>密码：</td>
            <td><input type="text" name="pwd"><span>*</span></td>
            <td>
                <div>密码为 6 位数字</div>
            </td>
        </tr>
        <tr>
            <td></td>
            <td>
                <button name="btn" type="button">保存</button>
                <button type="reset">重置</button>
            </td>
            <td></td>
        </tr>
        </tbody>
    </table>
    </form>
    <script src="7.6 表单验证.js"></script>
</body>

</html>
```

(2) 编写 CSS 代码，具体如下：

```css
td span {
    color: red;
}

/*默认状态*/
td div {
    display: none;
}
```

```css
/*获得焦点时的状态*/
.tips_info {
    display: block;
}

/*验证失败*/
.tips_error {
    display: block;
    color: red;
    padding-left: 20px;
    background: url("err.png") no-repeat left center;
}

/*验证成功*/
.tips_success{
    display: block;
    padding-left: 20px;
    background: url("ok.png") no-repeat left center;
    width: 0px;
    height: 20px;
    overflow: hidden;
}
```

(3) 编写 JavaScript 代码，具体如下：

```javascript
var form = document.forms[0];
// 查找触发事件的元素
var textName = form.username;
var txtPwd = form.pwd;

// 定义两个正则表达式
var namereg = /^\w{5, 10}$/;
var pwdreg = /^\d{6}$/;

// 绑定事件处理函数：获得焦点，失去焦点

// 获得焦点，显示提示信息，将 class 修改为 tips_info
textName.onfocus = getFocus;    // 不要加小括号！！！
txtPwd.onfocus = getFocus;

// 获得焦点
```

```javascript
function getFocus() {
    this.parentElement.nextElementSibling.firstElementChild.className = "tips_info";
}


// 失去焦点，验证格式
textName.onblur = function () {
    verift(this, namereg);
};
txtPwd.onblur = function () {
    // 传参
    verift(this, pwdreg);
};


// 失去焦点验证
function verift(input, reg) {
    // 拿到用户输入内容
    var div = input.parentElement.nextElementSibling.firstElementChild;
    // 验证输入是否匹配  reg.test()
    if (reg.test(input.value)) {
        // 如果匹配，则显示成功，将 class 修改为 tips_success
        div.className = "tips_success";
        return true;
    } else {
        // 如果不匹配，则显示错误，将 class 修改为 tips_error
        div.className = "tips_error";
        return false;
    }
}
var btn = form.btn;
btn.onclick = function () {
    // 验证文本框
    var rn = verift(textName, namereg);
    var rp = verift(txtPwd, pwdreg);
    // 判断
    if (rn && rp) {
        form.submit();
    }
}
```

表单验证效果如图 7.13 所示。填写表单时，会对表单输入进行验证，不符合验证条件的，会有错误提示。

图 7.13   表单验证效果

❖ 项 目 实 施 ❖

使用 JavaScript 制作"旅行家——图片轮播"页面

步骤 1：页面布局。

(1) 创建 HTML 文件、CSS 文件及 JavaScript 文件，并关联文件。

(2) 分析项目布局结构。轮播图容器 loopbox 中包含三个部分，即轮播图片容器、箭头切换按钮以及圆点切换按钮。具体代码如下：

```html
<!DOCTYPE html>
<html>
<head>
    <meta charset="UTF-8">
    <title>丹霞地貌轮播图</title>
    <link rel="stylesheet" href="loopimg.css">
    <script src="https://cdn.bootcss.com/jquery/3.4.1/jquery.min.js" type="text/javascript"
charset="UTF-8"></script>
</head>

<body>
    <!-- 轮播图容器 -->
    <div class="loopbox">
        <!-- 轮播图片容器 -->
        <ul class="imglist">
            <li><img src="images/banner1.jpeg"></li>
            <li><img src="images/banner2.jpeg"></li>
```

```
                <li><img src="images/banner3.jpeg"></li>
                <li><img src="images/banner4.jpeg"></li>
                <li><img src="images/banner5.jpeg"></li>
                <li><img src="images/banner1.jpeg"></li>
            </ul>
            <!-- 箭头切换按钮 -->
            <ul>
                <img class="left" onclick="changeleft()" src="images/left.png">
                <img class="right" onclick="changeright()" src="images/right.png">
            </ul>
            <!-- 圆点切换按钮 -->
            <ul class="dots">
                <li class="dot active">1</li>
                <li class="dot">2</li>
                <li class="dot">3</li>
                <li class="dot">4</li>
                <li class="dot">5</li>
            </ul>
        </div>
        <!-- 引入 JavaScript -->
        <script type="text/javascript" src="loopimg.js">
        </script>
    </body>
</html>
```

注意：轮播的只有 5 张图片，这里布局了 6 张图片，第 6 张图片与第 1 张图片相同，这是为了实现无缝轮播。圆点切换按钮有 5 个，即可以实时看到轮播图目前所处的位置。箭头切换按钮有 2 个，可以通过它来控制前进与后退。

步骤 2：CSS 布局。

根据整体布局，分别对整体及四个部分添加样式代码。

(1) 设置整体样式，代码如下：

```
/* 整体样式设置 */
* {
    margin: 0;
    padding: 0;
}
ul, li {
    list-style: none;
}
```

(2) 设置轮播容器样式。为了让图片容纳在 loopbox 中，需要限定其宽度和高度，并且将 overflow 属性设置为 hidden，即将其余的图片隐藏起来。同时，loopbox 是静止的，轮播图片时轮播图片容器 imglist 相对于 loopbox 左右移动，因此将其 position 属性设置为 relative。具体代码如下：

```css
/* 轮播容器样式设置 */
.loopbox {
    width: 1200px;
    height: 550px;
    border: 1px solid darkgray;
    margin: 40px auto;
    position: relative;
    overflow: hidden;
}
```

(3) 设置轮播图片样式。轮播图容器 loopbox 中布局了轮播图片，在此对容器和图片样式分别进行设置。

① 设置轮播图片容器 imglist 样式。

将 imglist 的定位方式设置为相对定位，这样就可以通过 left 和 right 两个箭头来控制图片的移动了。由于布局了 6 张轮播图片，因此将 imglist 的 width 设置为 600%。只需让图片左浮动即可实现占满一排。具体代码如下：

```css
/* 轮播图片容器样式设置*/
.loopbox .imglist {
    width: 600%;
    height: 100%;
    position: absolute;
}
.loopbox .imglist li {
    width: 1200px;
    height: 100%;
    float: left;
}
```

② 设置轮播图片样式。把图片的 float 属性设置为 left，并限定其大小。具体代码如下：

```css
/* 轮播图片样式设置 */
.loopbox .imglist li img {
    width: 100%;
    height: 100%;
}
```

(4) 设置箭头切换按钮样式，代码如下：

```css
/* 箭头切换按钮样式设置 */
.left, .right {
```

```
            width: 50px;

            height: 50px;

            position: absolute;

            opacity: 0.5;

        }

        .left:hover, .right:hover {

            opacity: 1;

        }

        .left {

            left: 20px;

            top: 250px;

        }

        .right {

            right: 20px;

            top: 250px;

        }
```

(5) 设置圆点切换按钮样式。

① 把显示次序的圆点切换按钮放在图片的右下角。

② 设置 li 标记的样式及其激活状态下的样式，代码如下：

```
        /* 圆点切换按钮样式设置 */

        .dots {

            position: absolute;

            bottom: 20px;

            right: 150px;

        }

        .dots li {

            width: 20px;

            height: 20px;

            line-height: 20px;

            background-color: rosybrown;

            border-radius: 50%;

            float: left;

            margin-left: 20px;

            text-align: center;

            font-size: 12px;

            color: white;

            font-weight: bolder;

        }

        .dot.active {

            background-color: white;
```

```
        color: rosybrown;
    }
```

步骤 3：添加 JS 逻辑。

(1) 定义变量。页面加载完成后，首先获取页面中的对象，以便进一步监听事件，调用对应的函数进行响应。图片切换时，需要定义变量 count 来表示当前播放图片的虚数。打开页面时，轮播图默认自动播放。这里需要调用自动播放函数，具体代码如下：

```
var imglist = document.querySelector('.imglist');      //获取需要移动的盒子
var ulEle = document.querySelector('ul');              //获取 ul
var distance = ulEle.children[1].offsetWidth;          //获取图片宽度
var dotEle = document.querySelector('.dots').children;  //获取圆点 children 数组用于绑定事件
var loopbox = document.querySelector('.loopbox');      //获取盒子对象
var autamotic = null;

var count = 0;                                          //声明计数器
AutomaticallRound();                                   //自动轮播
und();                                                 //自动轮播
```

(2) 定义两侧箭头按钮响应函数。当单击两侧箭头按钮时，图片和圆点切换按钮的样式都发生变化，需要分别定义相应动作。注意，当图片切换到第 1 张(索引为 0)和第 6 张(索引为 5)时，需要调整图片位置。这里的两张图片为同一张，就是为了实现切换顺畅。左右两侧箭头按钮响应函数相似，定义好右侧后，复制修改可得左侧对应函数。具体代码如下：

```
function changeright() {            //右侧箭头按钮单击事件
    if (count === 5) {   //0 和 5 图片是一样的，这一步的目的是使图片运动衔接更紧密
        imglist.style.left = '0px';     //调到最前面
        count = 0;
    }
    count++;
    changeimg(imglist, count);
    var active = document.querySelector('.dot.active');
    if (count == 5) {                   //使圆点随着图片运动
        active.classList.remove('active');
        dotEle[0].classList.add('active');
    } else {
        active.classList.remove('active');
        dotEle[count].classList.add('active');
    }
}

function changeleft() {             //绑定左单击事件
    if (count === 0) {
```

```
        imglist.style.left = -5 * distance + 'px';
        count = 5;
    }
    count--;
    changeimg(imglist, count);
    var active = document.querySelector('.dot.active');
    active.classList.remove('active');
    dotEle[count].classList.add('active');
}
```

(3) 定义函数实现自动切换效果。

① 使用 setInterval()定时器，并结合上面定义好的向左右切换的函数，即可实现自动切换效果。具体代码如下：

```
function AutomaticallRound() {              //自动轮播
    autamotic = setInterval(function () {
        changeright();                      //调用方法
    }, 4000)
}
```

② 当鼠标悬停在图片上时，使用 clearInterval()清除定时效果，暂停图片自动切换；当鼠标离开图片时，继续调用自动轮播函数。具体代码如下：

```
loopbox.onmouseenter = function () {        //当鼠标悬停在图片上时，停止轮播
    clearInterval(autamotic);
}
loopbox.onmouseleave = function () {        //当鼠标离开图片时，轮播继续
    AutomaticallRound();
}
```

(4) 设置圆点切换按钮动作。当单击圆点切换按钮时，按钮样式会发生变化，同时切换图片。分别定义单击圆点切换按钮样式及切换图片操作的响应函数，以实现完整切换动作及功能。

① 定义圆点切换按钮切换动作。当单击圆点切换按钮时，首先遍历按钮对象，找出被单击的圆点切换按钮索引。然后更换激活按钮样式，删除上一次激活按钮的激活属性，为当前单击按钮添加激活属性，并调用切换图片函数。具体代码如下：

```
for (var i = 0; i < dotEle.length; i++) {   //给圆点绑定事件切换图片
    dotEle[i].index = i;                    //声明 index
    dotEle[i].onclick = function () {       //绑定单击事件
        document.querySelector('.dot.active').classList.remove('active');   //删除类名
        this.classList.add('active');       //添加类名
        count = this.index;                 //给计数器赋值
        changeimg(imglist, count);          //改变图片
    }
}
```

② 定义单击圆点切换按钮时的图片函数，代码如下：

```
function changeimg(ele, count) {                    //改变图片
    clearInterval(ele.timmer);                      //清除计时器，防止连点时发生错误
    ele.timmer = setInterval(function () {
        var start = ele.offsetLeft;
        var step = (-distance * count - start) / 10;
        if (Math.abs(step) < 1) {
            step = step > 0 ? 1 : Math.floor(step);
        }
        start += step;
        ele.style.left = start + 'px';
        if (start === -(distance * count))
        {   //-是因为图片的运动是反的
            clearInterval(ele.timmer);              //清除计时器
            console.log('stop');
        }
    }, 17)
}
```

JSON 简介

JSON(JavaScript Object Notation，JavaScript 对象表示法)是前端开发中常见的数据格式，是一种基于文本的、独立于任何编程语言的轻量级数据交换格式，方便人们阅读和机器解析。JSON 是 JavaScript 对象的字符串表示法，本质是一个字符串。

在 JavaScript 中，JSON 数据主要有两种形式：JSON 对象和 JSON 数组。

1. JSON 对象

JSON 语法是 JavaScript 对象表示语法的子集。它有如下规则：

(1) 使用{}作为界定符，保存的数据是一组"键值对"，键值对之间由逗号隔开。

(2) 键名是字符串(注意用引号)；键值可以是数值、字符串、数组或对象。

JSON 数据的书写格式如下：

```
{key1:value1, key2:value2, …}
```

例如：

```
var stu = {'name': '张三' , 'sex':'男 ', 'age':20 };
```

通过键名，可以访问 JSON 对象中的键值。例如：

```
var stu_name = stu['name'];
```

2. JSON 数组

JSON 数组在中括号[]中书写，它可包含多个 JSON 对象，格式如下：

```
[
    { key1 : value1-1 , key2:value1-2 },
    { key1 : value2-1 , key2:value2-2 },
    { key1 : value3-1 , key2:value3-2 },
    ⋮
    { keyN : valueN-1 , keyN:valueN-2 },
]
```

例如：

```
[
    {'name1':'张三' , 'sex1':'男' , 'age1':20 };
    {'name2':'李四' , 'sex2':'女' , 'age2':18 };
]
```

【例 7-7】 设置 JSON 数据应用，代码如下：

```html
<!DOCTYPE html>
<html lang="en">
<head>
    <meta charset="UTF-8">
    <title>JSON 数据应用</title>
</head>
<body>
    <div>
        <h3>学生名单：</h3>
        <ul id="ulPersons"></ul>
    </div>
    <script>
        var ulPersons = document.getElementById("ulPersons");
        var persons = [{ "name": "张三", "age": 18 }, { "name": "李四", "age": 20 }];
        var s = "";
        for (var i = 0; i < persons.length; i++) {
            s += "<li>" + persons[i].name + "</li>";
        }
        ulPersons.innerHTML = s;
    </script>
</body>
</html>
```

使用 JSON 数据保存并输出学生名单的效果如图 7.14 所示。

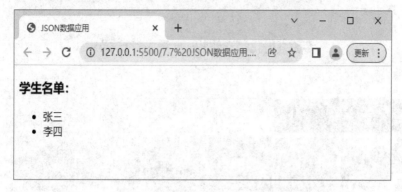

图 7.14　使用 JSON 数据保存并输出学生名单的效果

制作"GL 美拍"网站——"地区模块"动态效果

依据前面所讲知识，制作的"GL 美拍"网站——"地区模块"动态效果如图 7.15 至图 7.17 所示，实现了栏目切换。

图 7.15　"地区模块"——默认"山水"栏目效果

图 7.16 "地区模块"——切换到"海岛"栏目效果

图 7.17 "地区模块"——切换到"文化"栏目效果

制作步骤如下：

(1) 在 MeiPai 文件夹中创建 js 文件夹。

(2) 在 js 文件夹中创建 common.js 文件。

(3) 在 common.js 文件中添加实现栏目切换效果的代码。具体代码如下：

```
// 页面所有内容加载完成
window.onload = function() {
```

```
// Tab 切换效果
var curentIndex = 0;   // 当前索引值
var groupObj = document.getElementById("area-group");
// 获取栏目对象集合
var spanTitles = groupObj.getElementsByTagName('span');
// 获取城市分类对象集合
var areaCitys = document.getElementsByClassName('area-city');
// console.log(areaCitys);
for(var i = 0; i < spanTitles.length; i++) {
    // 栏目添加单击事件
    spanTitles[i].onclick = function() {
        curentIndex = i;
        for (var k = 0; k < areaCitys.length; k++) {
            // 所有区块设置为隐藏
            areaCitys[k].className = "area-city d-hidden";
            // 当鼠标经过，循环对象等于当前对象时，本身改变样式
            if (spanTitles[k] == this) {
                this.className = "active";
                // 对应区块显示
                areaCitys[k].className = "area-city";
            } else {
                // 其他栏目取消鼠标经过时被选中状态
                spanTitles[k].className = ";
            }
        }
    }
}
```

(4) 把 common.js 文件引入 index.html 文件中，并放到 body 里边最底部。具体代码如下：

```
<body>
    <!—12. 底部模块  start -->
    <footer class="footer">...
    </footer>
    <!-- 引入自己编写的 js 文件 common.js -->
    <script src="js/common.js"></script>
</body>
```

说明：

要实现地区模块 JS 效果，需要厘清思路，理解其嵌套循环的作用。

项目 8

网站设计与开发——综合实战

❖ 项目实施 ❖

"GL 美拍" 网站—— "首页" 整体效果

在前面项目的拓展训练中，我们完成了部分页面效果。本项目将灵活运用所学知识，把前面的内容进行整合，并加入新的内容模块，形成完整的页面效果。完成效果如图 8.1 所示。

图 8.1 "GL 美拍"—— "首页" 页面

制作步骤如下：

步骤 1：搭建网站基本结构。

此步骤需要先把网站基本结构搭建好，然后才能在这个基础上实施项目。

(1) 依据图 8.2 所示的"GL 美拍"项目结构图，创建项目基本结构，把需要的素材一一导入项目中。"GL 美拍"磁盘存储结构如图 8.3 所示。

图 8.2 "GL 美拍"项目结构图　　图 8.3 "GL 美拍"磁盘存储结构

(2) css 文件夹中的 css 文件如图 8.4 所示。

(3) fonts 文件夹中的字体文件如图 8.5 所示。

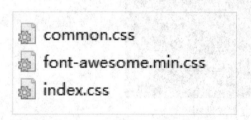

图 8.4 css 文件夹中的 css 文件　　图 8.5 fonts 文件夹中的字体文件

(4) images 文件夹中的图片文件如图 8.6 所示。

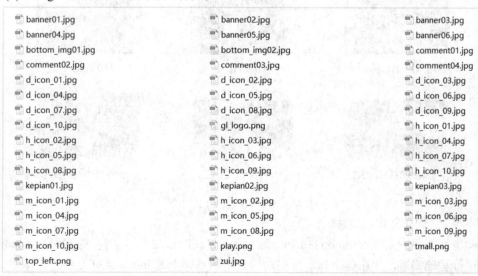

图 8.6 images 文件夹中的图片文件

(5) js 文件夹结构如图 8.7 所示，其中 bt 文件夹中存放使用 Bootstrap 所涉及的文件。

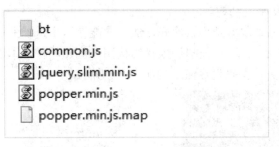

图 8.7　js 文件夹结构

(6) bt 文件夹结构如图 8.8 所示。

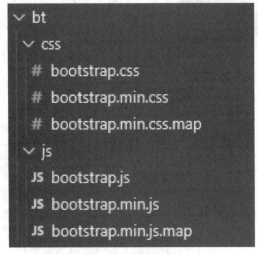

图 8.8　bt 文件夹结构

(7) video 文件夹中的文件如图 8.9 所示。

图 8.9　video 文件夹中的文件

步骤 2：创建基本的文件。

此步骤需要先完成 common.css、index.css 及 index.html 文件的创建，然后对 common.css 文件进行基础编写，并在页面基本布局结构分析的基础上对 index.html 进行编写。

(1) 创建 common.css 文件，代码如下：

```css
@charset "UTF-8";
body, div, dl, dt, dd, ul, ol, li, h1, h2, h3, h4, h5, h6, pre, code, form, fieldset, legend, input, button,
textarea, p, blockquote, th, td, video {
    margin: 0;
    padding: 0;
}
a, div, font, h1, h2, h3, h4, h5, h6, input, option, p, select, span {
    font-family: "Microsoft YaHei", sans-serif;
    font-weight: 300;
    text-transform: capitalize;
    font-style: normal;
    text-decoration: none;
}
div, font, h1, h2, h3, h4, h5, h6, input, option, p, select, span {
    cursor: default;
}
html {
    font-size: 16px;
}
body {
    overflow-x: hidden;
    color: #111111;
    font-family: "\5FAE\8F6F\96C5\9ED1";
    font-size: 14px;
    -webkit-font-smoothing: antialiased;
    -moz-osx-font-smoothing: grayscale;
}
* {
    list-style: none;
    direction: none;
}
img {
    width: 100%;
    vertical-align: middle;
}
a {
    text-decoration: none;
    color: #333;
}
```

```
a:hover {
    text-decoration: none;
}
input {
    outline: none;
}
```

(2) 创建空白的 index.css 文件。

(3) 分析页面基本布局结构。基本布局结构模块划分如图 8.10～图 8.12 所示。

图 8.10　基本布局结构模块划分 1

图 8.11　基本布局结构模块划分 2

图 8.12 基本布局结构模块划分 3

(4) 依据页面基本布局结构, 创建 index.html 文件, 并引入通用的样式表文件 common.css 和自身的样式表文件 index.css。其基本 HTML 代码如下:

```
@charset "UTF-8";
<!DOCTYPE html>
<html lang="zh-CN">
<head>
    <meta charset="UTF-8">
    <title>GL 美拍 - 首页</title>
    <!-- 引入通用的 common.css 文件 -->
    <link rel="stylesheet" href="css/common.css">
    <!-- 引入自身的样式表文件 index.css -->
    <link rel="stylesheet" href="css/index.css">
</head>

<body>
    <!-- 1. 头部模块  start -->
    <header class="header">
     头部模块
    </header>
    <!-- 1. 头部模块  end -->

    <!-- 2. 轮播图模块  start -->
    <div id="glCarousel">
       轮播图模块
    </div>
    <!-- 2. 轮播图模块  end -->

    <!-- 3. 地区模块  start -->
    <div class="main">
       地区模块
    </div>
    <!-- 3. 地区模块  end -->

    <!-- 4. 视频简介模块  start -->
    <div class="main main-intro">
       视频简介模块
    </div>
    <!-- 4. 视频简介模块  end -->

    <!-- 5. 摄影爱好者推荐模块 start -->
    <div class="main">
```

```
      摄影爱好者推荐模块   </div>
<!-- 5. 摄影爱好者推荐模块 end -->

<!-- 6. 摄影师模块  start -->
<div class="main">
   摄影师模块
</div>
<!-- 6. 摄影师模块  end -->

<!-- 7. 微电影模块  start -->
<div class="main main-zhe">
   微电影模块
</div>
<!-- 7. 微电影模块  end -->

<!-- 8. 客片 TOP 榜模块  start -->
<div class="main-top">
   客片 TOP 榜模块
</div>
<!-- 8. 客片 TOP 榜模块  end -->

<!-- 9. 用户评价模块  start -->
<div class="main-top main-ping">
   用户评价模块
</div>
<!-- 9. 用户评价模块  end -->

<!-- 10. 专栏模块  start -->
<div class="main main-bottom">
   专栏模块
</div>
<!-- 10. 专栏模块  end -->

<!-- 11. 服务模块  start -->
<div class="main-service">
   服务模块
</div>
<!-- 11. 服务模块  end -->

<!-- 12. 底部模块  start -->
<footer class="footer">
   底部模块
```

```
            </footer>
        <!-- 12. 底部模块  end -->


    </body>
</html>
```

步骤 3：制作头部模块。

此步骤需要先引入 font-awesome.min.css 样式表文件，然后进行基本的 HTML 代码编写及 CSS 样式效果编写。

(1) 引入 font-awesome.min.css 样式表文件。

(2) 编写头部模块 HTML 代码如下：

```
<!-- 1. 头部模块  start -->
<header class="header">
    <!-- 1.1 顶部模块  -->
    <div class="top">
        <!-- 顶部模块左边  -->
        <div class="top-left">
            <img src="images/top_left.png" alt="">
        </div>
        <!-- 顶部模块右边  -->
        <div class="top-right">
            <a href="#">
                <i class="gl-icon fa fa-weixin"></i>
                <span>微信</span>
            </a>
            <a href="#">
                <i class="gl-icon fa fa-weibo"></i>
                <span>微博</span>
            </a>
            <a href="#">
                <i class="gl-icon tm"></i>
                <span>天猫商城</span>
            </a>
            <span class="tel">400-xxx-002</span>
        </div>
    </div>
    <!-- 1.2 导航模块  -->
    <nav class="nav">
        <div class="nav-logo">
            <img src="images/gl_logo.png" alt="">
```

```html
    </div>
    <div class="nav-search nav-search-active">
        <span>按地区查看作品 </span>
        <i class="fa fa-chevron-down"></i>
        <ul class="area">
            <li>
                <a href="#">三亚</a>
            </li>
            <li>
                <a href="#">丽江</a>
            </li>
            <li>
                <a href="#">大理</a>
            </li>
            <li>
                <a href="#">厦门</a>
            </li>
            <li>
                <a href="#">大理</a>
            </li>
            <li>
                <a href="#">海南</a>
            </li>
            <li>
                <a href="#">北京</a>
            </li>
            <li>
                <a href="#">成都</a>
            </li>
            <li>
                <a href="#">广州</a>
            </li>
            <li>
                <a href="#">杭州</a>
            </li>
            <li>
                <a href="#">深圳</a>
            </li>
            <li>
                <a href="#">大连</a>
```

```
                </li>
                <li>
                    <a href="#">桂林</a>
                </li>
                <li>
                    <a href="#">香格里拉</a>
                </li>
                <li>
                    <a href="#">西双版纳</a>
                </li>
                <li>
                    <a href="#">青海</a>
                </li>
            </ul>
        </div>
        <div class="nav-list">
            <a href="#">首页</a>
            <a href="#">看客片</a>
            <a href="#">去哪拍</a>
            <a href="#">品牌介绍</a>
            <a href="#">查评价</a>
            <a href="#" class="th">抢特惠</a>
            <a href="#">微电影</a>
        </div>
    </nav>
  </header>
<!-- 1. 头部模块 end -->
```

(3) 实现头部模块 CSS 效果，代码如下：

```
/* 1. 头部模块 start */
/* 1.1 顶部模块 */
.top {
  display: flex;
  align-items: center;
  justify-content: space-between;
  padding: 0 6.66%;
  height: 48px;
  background-color: #0ab4cb;
}
/* 头部左边 */
.top-left img {
```

```
        width: 120px;
    }
        /* 头部右边 */
    .top-right {
        display: flex;
        align-items: center;
    }
    .top-right a {
        color: #FCF5F0;
        display: flex;
        align-items: center;
        margin-right: 36px;
    }
    .top-right a .gl-icon {
        background-color: #079baf;
        margin-right: 5px;
        width: 30px;
        height: 30px;
        text-align: center;
        line-height: 30px;
        border-radius: 15px;
    }
    .top-right a .tm {
        background: #079baf url(../images/tmall.png) no-repeat;
        background-size: 50%;
        background-position: center;
    }
    .top-right .tel {
        color: #FCF5F0;
        font-size: 18px;
        font-weight: bold;
        padding-left: 36px;
        border-left: 1px solid #FCF5F0;
    }
    /* 1.2 导航模块 */
    .nav {
        display: flex;
        align-items: center;
        justify-content: space-between;
```

```
        height: 94px;
        border-bottom: 1px solid #eee;
        padding: 0 6.6%;
    }
    .nav-logo {
        width: 90px;
        padding-left: 24px;
    }
    .nav-logo img {
        width: 100%;
    }
    .nav-search {
        position: relative;
        width: 160px;
        height: 40px;
        line-height: 40px;
        border: 1px solid #999;
        border-radius: 20px;
        margin-left: 100px;
        margin-right: 10px;
        text-align: center;
        color: #999;
    }
    .nav-search span {
        margin-right: 15px;
    }
    .nav-search .area {
        display: none;
        background-color: #fff;
        position: absolute;
        top: 39px;
        left: -1px;
        z-index: 9999;
        width: 160px;
        height: 200px;
        border: #999 solid 1px;
        border-top: 0;
        border-bottom-left-radius: 20px !important;
        overflow-y: auto;
```

```css
    }
    .nav-search:hover {
        border-bottom-right-radius: 0 !important;
        border-bottom-left-radius: 0 !important;
    }
    .nav-search:hover .area {
        display: block;
    }
    .nav-list {
        flex: 1;
        display: flex;
        height: 80px;
        line-height: 80px;
        text-align: center;
    }
    .nav-list a {
        flex: 1;
        font-size: 16px;
    }
    .nav-list a:hover {
        color: #fff;
        background-color: #079baf;
    }
    .nav-list a:nth-last-child(2) {
        position: relative;
    }
    .nav-list a:nth-last-child(2)::after {
        position: absolute;
        top: 12px;
        right: 5px;
        content: 'SALE';
        display: block;
        width: 40px;
        height: 20px;
        line-height: 20px;
        text-align: center;
        border-radius: 15px;
        background-color: #079baf;
        font-size: 12px;
```

```
      font-weight: bold;
      color: #fff;
    }
    .nav-list a:nth-last-child(2):hover::after {
      color: #079baf;
      background-color: #fff;
    }
```

（4）"头部模块"效果如图 8.13 所示。

图 8.13　"头部模块"效果

步骤 4：制作轮播图模块。

此步骤需要先引入 Bootstrap 框架里的 bootstrap.min.css 文件及对应的 jquery.slim.min.js 文件、popper.min.js 文件、bootstrap.min.js 文件，然后进行轮播图模块的 HTML 结构搭建及其对应的 CSS 样式效果编写。

（1）页面需要引入 Bootstrap 框架里的 bootstrap.min.css 文件及 jquery.slim.min.js 文件、popper.min.js 文件、bootstrap.min.js 文件。其头部结构变化如图 8.14 所示，底部结构变化如图 8.15 所示。

```html
<head>
<meta charset="UTF-8">
<title>GL美拍</title>
<link rel="stylesheet" href="js/bt/css/bootstrap.min.css">
<link rel="stylesheet" href="css/font-awesome.min.css">
<link rel="stylesheet" href="css/common.css">
<link rel="stylesheet" href="css/index.css">
</head>
```

图 8.14　头部结构变化

```html
<!-- 12 底部联系方式及交互 start -->
<footer class="footer">…
</footer>
<!-- 12 底部联系方式及交互 end -->

<script src="js/jquery.slim.min.js"></script>
<script src="js/popper.min.js"></script>
<script src="js/bt/js/bootstrap.min.js"></script>
</body>
```

图 8.15　底部结构变化

（2）搭建轮播图模块 HTML 结构，代码如下：

```html
<!-- 2. 轮播图 start -->
    <div id="glCarousel" class="carousel slide" data-ride="carousel" data-interval="3000">
      <!-- 2.1 轮播图序号 -->
      <ol class="carousel-indicators">
```

```html
        <li data-target="#glCarousel" data-slide-to="0" class="active"></li>
        <li data-target="#glCarousel" data-slide-to="1"></li>
        <li data-target="#glCarousel" data-slide-to="2"></li>
        <li data-target="#glCarousel" data-slide-to="3"></li>
        <li data-target="#glCarousel" data-slide-to="4"></li>
        <li data-target="#glCarousel" data-slide-to="5"></li>
    </ol>
    <!-- 2.2 轮播图片 -->
    <div class="carousel-inner">
        <div class="carousel-item active">
            <img src="images/banner01.jpg" class="d-block w-100" alt="...">
        </div>
        <div class="carousel-item">
            <img src="images/banner02.jpg" class="d-block w-100" alt="...">
        </div>
        <div class="carousel-item">
            <img src="images/banner03.jpg" class="d-block w-100" alt="...">
        </div>
        <div class="carousel-item">
            <img src="images/banner04.jpg" class="d-block w-100" alt="...">
        </div>
        <div class="carousel-item">
            <img src="images/banner05.jpg" class="d-block w-100" alt="...">
        </div>
        <div class="carousel-item">
            <img src="images/banner06.jpg" class="d-block w-100" alt="...">
        </div>
    </div>
    <!-- 2.3 轮播左边箭头 -->
    <a class="carousel-control-prev" href="#glCarousel" data-slide="prev">
        <span class="carousel-control-prev-icon">
            <i class="fa fa-angle-left"></i>
        </span>
        <span class="sr-only">Previous</span>
    </a>
    <!-- 2.4 轮播右边箭头 -->
    <a class="carousel-control-next" href="#glCarousel" data-slide="next">
        <span class="carousel-control-next-icon">
            <i class="fa fa-angle-right"></i>
```

```
    </span>
    <span class="sr-only">Next</span>
  </a>
</div>
<!-- 2. 轮播图 end -->
```

(3) 实现轮播图模块 CSS 效果，代码如下：

```
/*2 轮播图模块修改原样式*/
/* 序号样式 */
.carousel-indicators li {
    width: 60px;
}
/* 序号被选中状态样式 */
.carousel-indicators .active {
    background-color: #0ab4cb;
}
/* 左右箭头样式 */
.carousel-control-prev-icon,
.carousel-control-next-icon {
    height: 60px;
    width: 60px;
    font-size: 60px;
    line-height: 60px;
    background-color: rgba(0, 0, 0, 0.5);
    background-image: none;
}
```

(4)"轮播图模块"效果如图 8.16 所示，其中使用了 Bootstrap 框架，并采用其幻灯片功能。

图 8.16　"轮播图模块"效果

步骤 5：制作地区模块。

此步骤需要先搭建地区模块基本 HTML 结构，再实现 CSS 效果，然后创建 common.js 文件，最后编写 JS 代码实现栏目切换效果。

(1) 搭建地区模块基本 HTML 结构，代码如下：

```html
<!-- 3. 地区模块  start -->
  <div class="main">
      <h2>专注拍摄 20 年  超 100 万新人的选择</h2>
      <h3>甄选全国十六大拍摄城市景区</h3>
      <div class="main-area">
        <!-- 栏目  -->
        <div class="area-group" id="area-group">
          <span>海岛</span>
          <span class="active">山水</span>
          <span>文化</span>
        </div>
        <!-- 海岛  -->
        <div class="area-city d-hidden">
          <div class="item">
            <div class="img">
                <img src="images/m_icon_01.jpg" alt="">
            </div>
            <div class="name">舟山群岛</div>
            <a href="#">
                <div class="cover">
                    <i class="fa fa-long-arrow-right"></i>
                </div>
            </a>
          </div>
          <div class="item">
            <div class="img">
                <img src="images/m_icon_02.jpg" alt="">
            </div>
            <div class="name">湄洲岛</div>
            <a href="#">
                <div class="cover">
                    <i class="fa fa-long-arrow-right"></i>
                </div>
            </a>
          </div>
```

```
<div class="item">
  <div class="img">
    <img src="images/m_icon_03.jpg" alt="">
  </div>
  <div class="name">涠洲岛</div>
  <a href="#">
    <div class="cover">
      <i class="fa fa-long-arrow-right"></i>
    </div>
  </a>
</div>
<div class="item">
  <div class="img">
    <img src="images/m_icon_04.jpg" alt="">
  </div>
  <div class="name">澎湖列岛</div>
  <a href="#">
    <div class="cover">
      <i class="fa fa-long-arrow-right"></i>
    </div>
  </a>
</div>
<div class="item">
  <div class="img">
    <img src="images/m_icon_05.jpg" alt="">
  </div>
  <div class="name">南碇岛</div>
  <a href="#">
    <div class="cover">
      <i class="fa fa-long-arrow-right"></i>
    </div>
  </a>
</div>
<div class="item">
  <div class="img">
    <img src="images/m_icon_06.jpg" alt="">
  </div>
  <div class="name">南麂岛</div>
  <a href="#">
```

```html
        <div class="cover">
          <i class="fa fa-long-arrow-right"></i>
        </div>
      </a>
    </div>
    <div class="item">
      <div class="img">
        <img src="images/m_icon_07.jpg" alt="">
      </div>
      <div class="name">庙岛列岛</div>
      <a href="#">
        <div class="cover">
          <i class="fa fa-long-arrow-right"></i>
        </div>
      </a>
    </div>
    <div class="item">
      <div class="img">
        <img src="images/m_icon_08.jpg" alt="">
      </div>
      <div class="name">东山岛</div>
      <a href="#">
        <div class="cover">
          <i class="fa fa-long-arrow-right"></i>
        </div>
      </a>
    </div>
    <div class="item">
      <div class="img">
        <img src="images/m_icon_09.jpg" alt="">
      </div>
      <div class="name">花岙岛</div>
      <a href="#">
        <div class="cover">
          <i class="fa fa-long-arrow-right"></i>
        </div>
      </a>
    </div>
    <div class="item">
```

```
      <div class="img">
        <img src="images/m_icon_10.jpg" alt="">
      </div>
      <div class="name">嵊泗列岛</div>
      <a href="#">
        <div class="cover">
          <i class="fa fa-long-arrow-right"></i>
        </div>
      </a>
    </div>
  </div>
  <!-- 山水 -->
  <div class="area-city">
    <div class="item">
      <div class="img">
        <img src="images/d_icon_01.jpg" alt="">
      </div>
      <div class="name">东江湖</div>
      <a href="#">
        <div class="cover">
          <i class="fa fa-long-arrow-right"></i>
        </div>
      </a>
    </div>
    <div class="item">
      <div class="img">
        <img src="images/d_icon_02.jpg" alt="">
      </div>
      <div class="name">泸沽湖</div>
      <a href="#">
        <div class="cover">
          <i class="fa fa-long-arrow-right"></i>
        </div>
      </a>
    </div>
    <div class="item">
      <div class="img">
        <img src="images/d_icon_03.jpg" alt="">
```

```
                </div>
                <div class="name">漓江</div>
                <a href="#">
                    <div class="cover">
                        <i class="fa fa-long-arrow-right"></i>
                    </div>
                </a>
            </div>
            <div class="item">
                <div class="img">
                    <img src="images/d_icon_04.jpg" alt="">
                </div>
                <div class="name">东方月亮湾</div>
                <a href="#">
                    <div class="cover">
                        <i class="fa fa-long-arrow-right"></i>
                    </div>
                </a>
            </div>
            <div class="item">
                <div class="img">
                    <img src="images/d_icon_05.jpg" alt="">
                </div>
                <div class="name">云台山</div>
                <a href="#">
                    <div class="cover">
                        <i class="fa fa-long-arrow-right"></i>
                    </div>
                </a>
            </div>
            <div class="item">
                <div class="img">
                    <img src="images/d_icon_06.jpg" alt="">
                </div>
                <div class="name">楠溪江</div>
                <a href="#">
                    <div class="cover">
                        <i class="fa fa-long-arrow-right"></i>
```

```
        </div>
      </a>
    </div>
    <div class="item">
      <div class="img">
        <img src="images/d_icon_07.jpg" alt="">
      </div>
      <div class="name">新安江山水画廊</div>
      <a href="#">
        <div class="cover">
          <i class="fa fa-long-arrow-right"></i>
        </div>
      </a>
    </div>
    <div class="item">
      <div class="img">
        <img src="images/d_icon_08.jpg" alt="">
      </div>
      <div class="name">屏山大峡谷</div>
      <a href="#">
        <div class="cover">
          <i class="fa fa-long-arrow-right"></i>
        </div>
      </a>
    </div>
    <div class="item">
      <div class="img">
        <img src="images/d_icon_09.jpg" alt="">
      </div>
      <div class="name">神农溪</div>
      <a href="#">
        <div class="cover">
          <i class="fa fa-long-arrow-right"></i>
        </div>
      </a>
    </div>
    <div class="item">
      <div class="img">
```

```
        <img src="images/d_icon_10.jpg" alt="">
      </div>
      <div class="name">三峡人家</div>
      <a href="#">
        <div class="cover">
          <i class="fa fa-long-arrow-right"></i>
        </div>
      </a>
    </div>
  </div>
  <!-- 文化 -->
  <div class="area-city d-hidden">
    <div class="item">
      <div class="img">
        <img src="images/h_icon_01.jpg" alt="">
      </div>
      <div class="name">杜甫草堂</div>
      <a href="#">
        <div class="cover">
          <i class="fa fa-long-arrow-right"></i>
        </div>
      </a>
    </div>
    <div class="item">
      <div class="img">
        <img src="images/h_icon_02.jpg" alt="">
      </div>
      <div class="name">鼓浪屿</div>
      <a href="#">
        <div class="cover">
          <i class="fa fa-long-arrow-right"></i>
        </div>
      </a>
    </div>
    <div class="item">
      <div class="img">
        <img src="images/h_icon_03.jpg" alt="">
      </div>
```

```html
        <div class="name">黄桃古镇</div>
        <a href="#">
          <div class="cover">
            <i class="fa fa-long-arrow-right"></i>
          </div>
        </a>
    </div>
    <div class="item">
        <div class="img">
          <img src="images/h_icon_04.jpg" alt="">
        </div>
        <div class="name">清明上河园</div>
        <a href="#">
          <div class="cover">
            <i class="fa fa-long-arrow-right"></i>
          </div>
        </a>
    </div>
    <div class="item">
        <div class="img">
          <img src="images/h_icon_05.jpg" alt="">
        </div>
        <div class="name">刘公岛</div>
        <a href="#">
          <div class="cover">
            <i class="fa fa-long-arrow-right"></i>
          </div>
        </a>
    </div>
    <div class="item">
        <div class="img">
          <img src="images/h_icon_06.jpg" alt="">
        </div>
        <div class="name">莫高窟</div>
        <a href="#">
          <div class="cover">
            <i class="fa fa-long-arrow-right"></i>
          </div>
        </a>
```

```
    </div>
    <div class="item">
      <div class="img">
        <img src="images/h_icon_07.jpg" alt="">
      </div>
      <div class="name">王家大院</div>
      <a href="#">
        <div class="cover">
          <i class="fa fa-long-arrow-right"></i>
        </div>
      </a>
    </div>
    <div class="item">
      <div class="img">
        <img src="images/h_icon_08.jpg" alt="">
      </div>
      <div class="name">大足石刻</div>
      <a href="#">
        <div class="cover">
          <i class="fa fa-long-arrow-right"></i>
        </div>
      </a>
    </div>
    <div class="item">
      <div class="img">
        <img src="images/h_icon_09.jpg" alt="">
      </div>
      <div class="name">皖南古村落</div>
      <a href="#">
        <div class="cover">
          <i class="fa fa-long-arrow-right"></i>
        </div>
      </a>
    </div>
    <div class="item">
      <div class="img">
        <img src="images/h_icon_10.jpg" alt="">
      </div>
      <div class="name">锦绣中华民俗村</div>
```

```
            <a href="#">
              <div class="cover">
                <i class="fa fa-long-arrow-right"></i>
              </div>
            </a>
          </div>
        </div>
      </div>
    </div>
    <!-- 3 地区模块 end -->
```

(2) 实现地区模块 CSS 效果，代码如下：

```css
/* 3. 地区模块 */
h2 {
  font-size: 32px;
  line-height: 32px;
  text-align: center;
}
h3 {
  font-size: 18px;
  line-height: 18px;
  text-align: center;
  margin-top: 20px;
  color: #999;
}
.main {
  width: 88%;
  margin: 70px auto 0;
}
.main-area {
  margin-top: 50px;
}
.main-area .area-group {
  height: 68px;
  display: flex;
}
.main-area .area-group span {
  flex: 1;
  text-align: center;
```

```
        line-height: 68px;
        font-size: 20px;
        letter-spacing: 10px;
        color: #079baf;
        border: 1px solid #079baf;
        transition: all 1s;
        -webkit-transition: all 1s;
        -moz-transition: all 1s;
        -ms-transition: all 1s;
        -o-transition: all 1s;
    }
    .main-area .area-group span:nth-child(2) {
        border-left: 0;
        border-right: 0;
    }
    .main-area .area-group .active {
        background-color: #0ab4cb;
        color: #fff;
        font-weight: 700;
    }
    .main-area .area-city {
        display: flex;
        flex-wrap: wrap;
        padding: 10px 10px 0;
        border: 1px solid #0ab4cb;
        border-top: 0;
    }
    .main-area .area-city .item {
        position: relative;
        width: 16%;
        margin-bottom: 10px;
        margin-right: 0.8%;
    }
    .main-area .area-city .item .img img {
        width: 100%;
    }
    .main-area .area-city .item:nth-child(6n) {
        margin-right: 0;
    }
```

```
.main-area .area-city .item .name {
    position: absolute;
    bottom: 0;
    left: 0;
    right: 0;
    z-index: 9999;
    height: 30px;
    line-height: 30px;
    text-align: center;
    background-color: rgba(255, 255, 255, 0.8);
    transition: all 1s;
}
.main-area .area-city .item .cover {
    position: absolute;
    bottom: 30px;
    right: 0;
    top: 0;
    left: 0;
    height: 0;
    background-color: rgba(0, 0, 0, 0.5);
    opacity: 0;
    transition: all 1s;
}
.main-area .area-city .item .cover i {
    position: absolute;
    top: 50%;
    left: 50%;
    transform: translate(-50%, -50%);
    color: #0ab4cb;
    display: block;
    width: 60px;
    height: 60px;
    text-align: center;
    line-height: 60px;
    font-size: 30px;
    background-color: #fff;
    border-radius: 50%;
}
.main-area .area-city .item:hover .name {
```

```
    background-color: rgba(0, 0, 0, 0.5);
    color: #fff;
    font-weight: bold;
}
.main-area .area-city .item:hover .cover {
    height: 100%;
    opacity: 1;
}
}
```

(3) 创建 common.js 文件，实现栏目切换效果。其 JS 代码如下：

```
window.onload = function() {
    // tab 切换效果
    var curentIndex = 0;    // 当前索引值
    var groupObj = document.getElementById("area-group");
    // 获取栏目对象集合
    var spanTitles = groupObj.getElementsByTagName('span');
    // 获取城市分类对象集合
    var areaCitys = document.getElementsByClassName('area-city');
    // console.log(areaCitys);
    for(var i = 0; i < spanTitles.length; i++) {
        // 栏目添加单击事件
        spanTitles[i].onclick = function() {
            curentIndex = i;
            for (var k = 0; k < areaCitys.length; k++) {
                // 所有区块设置为隐藏
                areaCitys[k].className = "area-city d-hidden";
                // 当鼠标经过，循环对象等于当前对象时，本身改变样式
                if (spanTitles[k] == this) {
                    this.className = "active";
                    // 对应区块显示
                    areaCitys[k].className = "area-city";
                } else
                {
                    // 其他栏目取消鼠标经过时被选中状态
                    spanTitles[k].className = ";
                }
            }
        }
    }
}
```

(4) "地区模块"效果分别如图 8.17 至图 8.19 所示。本模块可以进行栏目的切换。

图 8.17　"地区模块"效果——山水

图 8.18　"地区模块"效果——海岛

图 8.19　"地区模块"效果——文化

步骤 6：制作视频简介模块。

此步骤需要先搭建视频简介模块基本 HTML 结构,然后实现 CSS 效果,最后在 common.js 文件里编写 JS 代码实现鼠标经过时效果。

(1) 搭建视频简介模块基本 HTML 结构,代码如下：

```html
<!-- 4. 视频简介  start -->
  <div class="main main-intro">
    <div class="video-box">
      <video src="video/01.mp4" poster="video/poster01.jpg"></video>
      <div class="playBtn">
        <i class="fa fa-play-circle-o"></i>
      </div>
    </div>
    <div class="btn-box">
      <a class="btn">点击查看品牌文化</a>
    </div>
  </div>
<!-- 4 视频简介  end -->
```

(2) 实现视频简介模块 CSS 效果,代码如下：

```css
/* 4. 视频简介模块 */
..main {
  width: 88%;
  /*
      外边距(第一个值 70px 表示上外边距,第二个值 auto 表示左右外边距(这样盒子居中对齐),
第三个值表示下外边距)
  */
  margin: 70px auto 0;
}
video {
  background-color: #000;
  /* 视频宽度和盒子宽度保持一致 */
  width: 100%;
  /*去除视频下部的留白*/
  vertical-align: middle;
}
.btn-box {
  text-align: center;
  /* 边框 */
```

```
        border: 1px solid #079baf;
        /* 上边框宽度 */
        border-top-width: 10px;
        /* 上边框颜色 */
        border-top-color: #000;
    }
    .btn {
        /* 行内块状元素，具备宽度和高度 */
        display: inline-block;
        border: 1px solid #0ab4cb;
        /* 行高和高度保持一致，文本在垂直方向行居中对齐 */
        height: 50px;
        line-height: 50px; /* 行高 */
        /* 内边距上下为 0，左右为 40px */
        padding: 0 40px;
        /* 边框显示圆角，25px 指圆角弧度 */
        border-radius: 25px ;
        color: #079baf;
        /* 外边距上下为 20px，左右为 auto */
        margin: 20px auto;
        font-size: 14px;
        /* 过渡效果后期会讲到 */
        transition: all 1s;
    }
    /* 按钮在鼠标经过时效果 */
    .btn:hover {
        background-color: #079baf;
        color: #fff !important;
    }
    /*添加播放按钮样式*/
    .video-box {
        position: relative;
    }
    .playBtn {
        position: absolute;
        top: 50%;
        left: 50%;
```

```
    transform: translate(-50%, -50%);
    width: 80px;
    height: 80px;
    font-size: 80px;
    color: #fff;
}
```

（3）添加鼠标经过时效果，默认上边有白色的播放按钮。鼠标经过后，白色播放按钮隐藏，播放控制条显示。在 common.js 中添加实现的 JS 代码，如下：

```
// 视频效果
    // 获取视频对象集合
    var videoObjs = document.getElementsByTagName('video');
    // 获取播放按钮对象
    var playObjs = document.getElementsByClassName('playBtn');
    // 测试输出视频对象集合
    console.log(playObjs.length);
    // 测试输出播放按钮对象
    console.log(videoObjs);
    for(var i = 0; i < videoObjs.length; i++) {
        // 给当前索引赋值
        videoObjs[i].index = i;
        // 鼠标经过时显示播放控制条
        videoObjs[i].onmouseover = function() {
            // 给视频对象添加控制条属性
            this.setAttribute('controls', 'controls');
            // 播放按钮隐藏
            playObjs[this.index].style.display = 'none';
        }
        // 鼠标移除显示播放按钮
        videoObjs[i].onmouseout = function() {
            // 视频对象删除控制条属性
            this.removeAttribute('controls');
            // 播放按钮显示
            playObjs[this.index].style.display = 'block';
        }
    }
```

此段代码对后边模块的视频鼠标经过效果同样适用，所以是循环的形式。

(4) "视频简介模块"效果如图 8.20 和图 8.21 所示。

图 8.20　"视频简介模块"效果——正常状态

图 8.21　"视频简介模块"效果——按钮在鼠标经过时状态

步骤 7：制作摄影爱好者推荐模块。

此步骤需要先搭建摄影爱好者推荐模块基本 HTML 结构，然后进行 CSS 样式效果编写。

(1) 搭建摄影爱好者推荐模块基本 HTML，结构代码如下：

```
<!-- 5. 摄影爱好者推荐模块  start -->
<div class="main">
    <h2 class="mb-40">百位摄影爱好者推荐</h2>
    <div class="video-box">
        <video src="video/02.mp4" poster="video/poster02.jpg"></video>
        <div class="playBtn">
            <i class="fa fa-play-circle-o"></i>
        </div>
    </div>
    <div class="btn-box">
        <div class="text">
            GL 美拍先后有很多摄影爱好者在本网站发布作品，也可为您提供详细的咨询、拍照服务。
        </div>
        <div>
            <a class="btn active">查看更多推荐照片</a>
        </div>
    </div>
</div>
<!-- 5. 摄影爱好者推荐模块  end -->
```

(2) 实现摄影爱好者推荐模块 CSS 效果，代码如下：

```
/* 5. 摄影爱好者推荐模块  */
.mb-40 {
    margin-bottom: 40px;
}
.btn-box .text {
    flex: 2;
    display: flex;
    align-items: center;
    border-right: 1px solid #079baf;
    padding: 10px;
    line-height: 24px;
    text-align: justify;
}
.active {
    background-color: #0ab4cb;
    color: #fff !important;
}
```

(3) "摄影爱好者推荐模块"效果如图 8.22 和图 8.23 所示。

百位摄影爱好者推荐

图 8.22　"摄影爱好者推荐模块"效果——正常状态

百位摄影爱好者推荐

图 8.23　"摄影爱好者推荐模块"效果——鼠标经过时状态

步骤 8：制作摄影师模块。

此步骤只需要搭建摄影师模块的基本 HTML 结构即可(样式在上面均已实现)。

(1) 搭建摄影师模块基本 HTML 结构，代码如下：

```
<!--6. 摄影师模块  start -->
<div class="main">
    <h2 class="mb-40">最佳摄影师拍摄</h2>
```

```
        <img src="images/zui.jpg" alt="">
        <div class="btn-box">
          <a class="btn">了 解 更 多 &gt;</a>
        </div>
      </div>
    </div>
    <!-- 6. 摄影师模块  end -->
```

(2) 实现摄影师模块 CSS 效果。其 CSS 效果和上面模块一样，不需要再书写。

(3) "摄影师模块"效果如图 8.24 和图 8.25 所示。

最佳摄影师拍摄

图 8.24　"摄影师模块"效果——按钮正常状态

最佳摄影师拍摄

图 8.25　"摄影师模块"效果——鼠标经过按钮时状态

步骤 9：制作微电影模块。

此步骤需要先搭建微电影模块基本 HTML 结构，然后进行 CSS 样式效果编写。

(1) 搭建微电影模块基本 HTML 结构，代码如下：

```
<!-- 7. 微电影模块  start -->

<div class="main main-zhe">
  <div class="left">
    <p class="t01">美拍双影像开创者</p>
    <h2>GL 美拍微电影</h2>
    <h2 class="more">记录更多《旅行故事》</h2>
    <p class="t02">GL ONLY MICROFILM</p>
    <p class="t03">双影像微电影，让旅行更有意义</p>
    <a class="btn active">了 解 更 多 微 电 影 &gt;</a>
  </div>
  <div class="right">
    <div class="video-box">
      <video src="video/03.mp4" poster="video/poster03.jpg"></video>
      <div class="playBtn">
        <i class="fa fa-play-circle-o"></i>
      </div>
    </div>
  </div>
</div>

<!-- 7. 微电影模块  end -->
```

(2) 实现微电影模块 CSS 效果，代码如下：

```
/* 7. 微电影模块 */

..main-zhe {
  display: flex;
  flex-direction: row;
  align-items: stretch;
}
.main-zhe .left {
  width: 50%;
  padding-top: 86px;
```

```css
        padding-left: 116px;
        background-color: #eee;
    }
    .main-zhe .left .t01 {
        font-size: 18px;
        font-weight: bold;
        color: rgba(0, 0, 0, 0.8);
        margin-bottom: 60px;
    }
    .main-zhe .left h2 {
        text-align: left;
        margin-bottom: 20px;
        font-weight: bold;
    }
    .main-zhe .left .more {
        margin-bottom: 60px;
    }
    .main-zhe .left .t02,
    .main-zhe .left .t03 {
        font-size: 13px;
        color: #999;
        margin-bottom: 20px;
    }
    .main-zhe .left .t03 {
        margin-bottom: 40px;
    }
    .main-zhe .right {
        width: 50%;
        display: flex;
        align-items: center;
        flex: 1;
        height: 504.8px;
        background-color: #000;
        overflow: hidden;
    }
```

(3) "微电影模块"效果如图 8.26 所示。

图 8.26　"微电影模块"效果

步骤 10：制作客片 TOP 榜模块。

此步骤需要先搭建客片 TOP 榜模块基本 HTML 结构，然后进行 CSS 样式效果编写。

(1) 搭建客片 TOP 榜模块基本 HTML 结构，代码如下：

```
<!-- 8. 客片 TOP 榜模块  start -->
<div class="main-top">
  <h2>每季客片 TOP 榜</h2>
  <h3>GL 美拍坚持以客照说话</h3>
  <ul class="items">
    <li class="item">
      <div class="img">
        <img src="images/kepian01.jpg" alt="">
      </div>
      <div class="info">
        <div class="name">#03 月第二季  原创客片</div>
        <a href="#" class="libtn">立即查看</a>
      </div>
    </li>
    <li class="item">
      <div class="img">
        <img src="images/kepian02.jpg" alt="">
      </div>
      <div class="info">
        <div class="name">#04 月第一季  原创客片 </div>
        <a href="#" class="libtn">立即查看</a>
      </div>
```

```
        </li>
        <li class="item">
          <div class="img">
            <img src="images/kepian03.jpg" alt="">
          </div>
          <div class="info">
            <div class="name">#05 月第一季 原创客片</div>
            <a href="#" class="libtn">立即查看</a>
          </div>
        </li>
      </ul>
    </div>
    <!-- 8. 客片 TOP 榜模块  end -->
```

(2) 实现客片 TOP 榜模块 CSS 效果，代码如下：

```
/* 8. 客片 TOP 榜模块 */
.main-top {
    background-color: #eee;
    margin-top: 60px;
    padding-top: 40px;
}
.main-top .items {
    width: 88%;
    margin: 0 auto;
    padding: 40px 0 80px;
    display: flex;
    justify-content: space-between;
}
.main-top .items .item {
    width: 33%;
}
.main-top .items .item .info {
    background-color: #fff;
    text-align: center;
}
.main-top .items .item .info .name {
    font-weight: bold;
    font-size: 16px;
    padding: 40px 0 20px;
}
```

```
.main-top .libtn {
    display: inline-block;
    padding: 6px 40px;
    background-color: #0ab4cb;
    color: #fff;
    border-radius: 23px;
    letter-spacing: 10px;
    margin-bottom: 40px;
    transition: all 1s;
}
.main-top .libtn:hover {
    background-color: #079baf;
}
```

（3）"客片 TOP 榜模块"效果如图 8.27 所示。

图 8.27　"客片 TOP 榜模块"效果

步骤 11：制作用户评价模块。

此步骤需要先搭建用户评价模块基本 HTML 结构，然后进行 CSS 样式效果编写。

（1）搭建用户评价模块基本 HTML 结构，代码如下：

```
<!-- 9. 用户评价模块  start -->
    <div class="main-top main-ping">
        <h2>真实用户评价  不止是拍得好</h2>
        <div class="b-box">
            <a href="#" class="btn active">查看更多真实好评</a>
        </div>
```

```html
<ul class="list">
  <li class="list-item">
    <a href="#">
      <div class="info">
        <div class="no">1</div>
        <div class="date">March 14 - 2022</div>
      </div>
      <div class="brief">
        很满意哦，化妆老师特别棒，每个造型妆容都特别仔细，我个人非常喜欢，服务非
常好，很喜欢小姐姐。摄影老师技术特别棒，每张底片都很棒，优秀，棒棒的。
      </div>
      <div class="img">
        <img src="images/comment01.jpg" alt="">
      </div>
      <div class="user">
        ***暖
      </div>
    </a>
  </li>
  <li class="list-item">
    <a href="#">
      <div class="info">
        <div class="no">2</div>
        <div class="date">March 24 - 2022</div>
      </div>
      <div class="brief">
        非常满意的一天，非常感谢摄影师王老师，化妆师悦悦，超级感谢，非常辛苦的一
天，来来回回帮忙，非常贴心，服务态度也特别好，之前会有担心，但是拍完之后还是非常满意的！
      </div>
      <div class="img">
        <img src="images/comment02.jpg" alt="">
      </div>
      <div class="user">
        ***寒
      </div>
    </a>
  </li>
  <li class="list-item">
    <a href="#">
```

```
                <div class="info">
                    <div class="no">3</div>
                    <div class="date">February 26 - 2022</div>
                </div>
                <div class="brief">
                    从网上预订的婚纱照，和最爱的人来到三亚，风景好，门店环境好，服务周到，热
情，所有的老师们都很尽心尽力，全程为我们提供优质的服务，我们都累了，老师们还在兢兢业业，在这
里表示真挚的谢意！
                </div>
                <div class="img">
                    <img src="images/comment03.jpg" alt="">
                </div>
                <div class="user">
                    ***乐
                </div>
            </a>
        </li>
        <li class="list-item">
            <a href="#">
                <div class="info">
                    <div class="no">4</div>
                    <div class="date">February 23 - 2022</div>
                </div>
                <div class="brief">
                    万分感谢美拍的化妆师秋乐和摄影师小玉，还有一个欢脱的摄影助理小何，很高兴
和你们一起完成这次旅拍，大理是我一直梦寐以求的地方，这次终于来了，三月，我们共赴一场花间喜事！
你们是最棒的！
                </div>
                <div class="img">
                    <img src="images/comment04.jpg" alt="">
                </div>
                <div class="user">
                    小***悦
                </div>
            </a>
        </li>
    </ul>
</div>
<!-- 9. 用户评价模块  end -->
```

(2) 实现用户评价模块 CSS 效果，代码如下：

```css
/* 9. 用户评价模块 */
.main-ping {
    margin-top: 0;
    margin-bottom: 40px;
    padding-bottom: 40px;
    background-color: #fff;
}
.main-ping .b-box {
    text-align: center;
}
.main-ping .list {
    width: 88%;
    margin: 0 auto;
    display: flex;
}
.main-ping .list .list-item {
    width: 25%;
    border-right: 1px solid #0ab4cb;
    padding: 20px 20px 0;
}
.main-ping .list .list-item:last-child {
    border-right: 0;
}
.main-ping .list .list-item .info {
    display: flex;
    align-items: center;
    justify-content: space-between;
}
.main-ping .list .list-item .info .no {
    font-family: Arial, Helvetica, sans-serif;
    font-size: 70px;
    color: #0ab4cb;
    font-weight: 700;
}
.main-ping .list .list-item .info .date {
    color: #333;
}
.main-ping .list .list-item .brief {
```

```
        color: #333;

        text-align: justify;

        height: 125px;

        overflow: hidden;

        margin-bottom: 20px;

    }

    .main-ping .list .list-item .img {

        margin-bottom: 10px;

    }

    .main-ping .list .list-item .user {

        text-align: center;

        color: #333;

    }

    .main-ping .list .list-item .user::before {

        content: '@';

    }
```

(3)"用户评价模块"效果如图 8.28 所示。

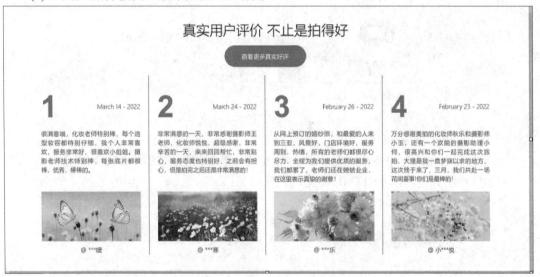

图 8.28　"用户评价模块"效果

步骤 12：制作专栏模块。

此步骤需要先搭建专栏模块基本 HTML 结构，然后进行 CSS 样式效果编写。

(1) 搭建专栏模块基本 HTML 结构，代码如下：

```
    <!-- 10. 专栏模块  start -->

    <div class="main main-bottom">

      <a href="#">

        <img src="images/bottom_img01.jpg" alt="">

      </a>
```

```
        <a href="#">
            <img src="images/bottom_img02.jpg" alt="">
        </a>
    </div>
    <!-- 10. 专栏模块  end -->
```

(2) 实现专栏模块 CSS 效果, 代码如下:

```
/* 10. 专栏模块  */
.main-bottom {
    display: flex;
    justify-content: space-between;
    margin: 40px auto;
}
.main-bottom a {
    width: 49%;
}
```

(3) "专栏模块"效果如图 8.29 所示。

图 8.29　"专栏模块"效果

步骤 13: 制作服务模块。

此步骤需要先搭建服务模块基本 HTML 结构, 然后进行 CSS 样式效果编写。

(1) 搭建服务模块基本 HTML 结构, 代码如下:

```
<!-- 11. 服务模块  start -->
<div class="main-service">
    <div class="main-service-in">
        <!-- 左边 -->
        <div class="pay">
            <h2 class="title">GL 美拍官方付款渠道</h2>
            <!-- <h2 class="title">本公司只接受以下企业对公收款账户</h2> -->
            <div class="text">
                本公司严禁任何人员以任何名义, 使用任何个人账户收受任何费用。若因客户向个人
账户汇款造成任何损失的, 本公司不承担任何责任, 本公司将协助客户向有关部门报案。
            </div>
        </div>
        <!-- 右边 -->
```

```
        <div class="info">
          <div class="item">
            <h2>天猫店铺</h2>
            <div>GL 美拍旗舰店</div>
            <div>GL 美拍婚纱摄影</div>
          </div>
          <div class="item">
            <h2>GL 美拍官方商铺平台</h2>
            <div>微信</div>
            <div>微博</div>
            <div>淘宝</div>
            <div>京东</div>
            <div>美团</div>
          </div>
          <div class="item">
            <h2>银行对公账户</h2>
            <div>郑州 GL 美拍发展有限公司</div>
            <h2>账号</h2>
            <div>0600 xxxx 888</div>
            <h2>开户行名称</h2>
            <div>中国工商银行东风路支行</div>
          </div>
          <div class="item">
            <h2>天猫店铺</h2>
            <div>GL 美拍旗舰店</div>
            <div>GL 美拍婚纱摄影</div>
          </div>
        </div>
      </div>
  </div>

  </div>
  <!-- 11. 服务模块  end -->
```

(2) 实现服务模块 CSS 效果，代码如下：

```
/* 11. 服务模块 */
.main-service {
  padding: 20px 0;
  background-color: #0ab4cb;
}
.main-service-in {
```

```
        width: 88%;
        margin: 0 auto;
        display: flex;
        justify-content: space-between;
    }
    .main-service-in .pay {
        flex: 2;
        margin-right: 40px;
    }
    .main-service-in .pay .title {
        text-align: left;
        font-size: 16px;
        color: #ffffff;
        font-weight: bold;
    }
    .main-service-in .pay .text {
        margin-top: 30px;
        color: #fff;
        font-size: 12px;
    }
    .main-service-in .info {
        flex: 4;
        display: flex;
        justify-content: space-between;
    }
    .main-service-in .info .item {
        width: 22%;
    }
    .main-service-in .info .item h2 {
        text-align: left;
        font-size: 14px;
        color: #fff;
        font-weight: bold;
    }
    .main-service-in .info .item div {
        margin-top: 5px;
        font-size: 12px;
        color: rgba(255, 255, 255, 0.5);
    }
```

（3）"服务模块"效果如图 8.30 所示。

图 8.30　"服务模块"效果

步骤 14：制作底部模块。

此步骤需要先搭建底部模块基本 HTML 结构，然后进行 CSS 样式效果编写。

（1）搭建底部模块基本 HTML 结构，代码如下：

```html
<!-- 12. 底部模块 start -->
<footer class="footer">
    <div class="main footer-in">
        <div class="title">GL 美拍</div>
        <div class="about">
            <h2 class="title">联系方式</h2>
            <div class="text">GL 美拍发展有限公司</div>
            <div class="text line">郑州市金水区园田路 x 号</div>
            <div class="text mt-10">GL 美拍咨询热线</div>
            <h2 class="title">600-xxxx-888</h2>
            <div class="text mt-10">GL 美拍售后热线</div>
            <h2 class="title">600-xxxx-999</h2>
        </div>
        <div class="reg">
            <form action="#" name="regForm" method="post">
                <div class="title">新人注册大礼</div>
                <div>
                    <input type="text" id="username" name="username" placeholder="姓名" required>
                </div>
                <div>
                    <input type="tel" id="phone" name="phone" placeholder="手机号" required>
                </div>
                <div>
                    <input type="submit" value="同意提交并继续" name="sendBtn" class="sendBtn">
                </div>
            </form>
        </div>
    </div>
</footer>
<!-- 12. 底部模块 end -->
```

（2）实现底部模块 CSS 效果，代码如下：

```
/* 12. 底部模块 */
.footer {
    background-color: #079baf;
}
.footer-in {
    margin-top: 0;
    display: flex;
    color: #fff;
    padding: 15px 0;
}
/* 12.1 标题 */
.footer-in .title {
    flex: 1;
    font-size: 32px;
}
/* 12.2 联系方式 */
/* 以下选择器均是后代选择器 */
.footer-in .about {
    /* 背景颜色 */
    background-color: #0ab4cb;
    /*
        内边距：盒子的内容与边界的距离。
        第一个 20px 表示内容与上边界的距离；
        第二个 20px 表示内容与左右边界的距离
    */
    padding: 20px 20px 0;
    flex: 2; /* 需要添加此处代码 */
}
.footer-in .about .title {
    font-size: 28px;
    text-align: left;
    /* 外边距：盒子与盒子之间的距离。在此表示下外边距*/
    margin-bottom: 15px;
    /*字体颜色 RGBA 分别表示红、绿、蓝三色，如果都是 255，则是白色，最后一个是透明度，
即白色的 0.8 透明*/
    color: rgba(255, 255, 255, 0.8);
}
.footer-in .about .text {
```

```
    color: rgba(255, 255, 255, 0.6);
}
.footer-in .about .line {
    /* 下内边距 */
    padding-bottom: 15px;
    /* 边框线下底边框：高度 1px、实线、颜色 */
    border-bottom: 1px solid rgba(255, 255, 255, 0.6);
    /* 下外边距 */
    margin-bottom: 15px;
}
.footer-in .about .mt-10 {
    /* 下外边距 */
    margin-bottom: 10px;
}/* 12.3 用户注册 */
.footer-in .reg {
    background-color: #0ab4cb;
    padding: 20px;
    margin-left: 20px;
    flex: 2;
}
.footer-in .reg form {
    width: 100%;
}
.footer-in .reg form .title {
    font-size: 28px;
    margin-bottom: 20px;
    color: rgba(255, 255, 255, 0.8);
}
.footer-in .reg form div {
    margin-bottom: 20px;
}
.footer-in .reg form div input {
    display: block;
    width: 80%;
    margin: 0 auto;
    height: 50px;
    padding-left: 20px;
    border: 1px solid #079baf;
    border-radius: 25px;
```

```
        box-shadow: 0 0 5px 1px #079baf;
    }
    .footer-in .reg form div .sendBtn {
        background-color: #079baf;
        color: #fff;
        font-size: 16px;
        font-weight: bold;
        box-shadow: none;
        text-align: center;
        padding-left: 0;
    }
```

(3) "底部模块"效果如图 8.31 所示。

图 8.31　"底部模块"效果

总结：

本网站的首页整体采用 Flex 实现了布局效果，采用 Bootstrap4 框架实现了轮播图效果，采用自写的 JS 代码实现了栏目切换效果和视频播放鼠标经过时效果。读者需看懂思路，灵活运用本项目知识并结合上网，多做案例，实现更多的页面效果，从而锻炼自己的实践能力。